"十二五"普通高等教育本科规划教材

功能材料实验指导书

张丰庆　主编

车全德　岳雪涛　副主编

化学工业出版社

·北京·

为适应高校创新实践教学改革的需要，基于高校材料物理专业背景，对实验教学内容进行理性的设计和整合，全书包含28大类实验，并从实验教学内容、教学方法和教学手段入手，围绕实验设计、合成与制备、性能表征、结果分析展开，结合不同材料的特点对各种材料的电学、热学、磁学、光学等性能进行具体的测试和表征，以深化读者对物理性能的理解，提高学生的实验动手能力，分析解决问题的能力，加强学生实践能力与创新能力的培养。

本书可以作为普通高等学校材料类及相关专业本科生与研究生的实验教学用书，也可以为从事功能材料工作的科技人员和相关专业的工程技术人员提供参考。

图书在版编目（CIP）数据

功能材料实验指导书/张丰庆主编. —北京：化学工业出版社，2015.7

"十二五"普通高等教育本科规划教材

ISBN 978-7-122-23967-9

Ⅰ.①功… Ⅱ.①张… Ⅲ.①功能材料-实验-高等学校-教材 Ⅳ.①TB34-33

中国版本图书馆 CIP 数据核字（2015）第 101921 号

责任编辑：杨 菁 李玉晖　　　　　　　　文字编辑：李锦侠
责任校对：吴 静　　　　　　　　　　　装帧设计：刘丽华

出版发行：化学工业出版社（北京市东城区青年湖南街 13 号　邮政编码 100011）
印　　刷：北京云浩印刷有限责任公司
装　　订：三河市骏发装订厂
787mm×1092mm　1/16　印张 9¾　字数 236 千字　　2015 年 8 月北京第 1 版第 1 次印刷

购书咨询：010-64518888（传真：010-64519686）　　售后服务：010-64518899
网　　址：http://www.cip.com.cn
凡购买本书，如有缺损质量问题，本社销售中心负责调换。

定　　价：**29.00 元**

前　言

功能材料是一类具有特定的电、热、声、光、磁等物理特性及其相互转换效应的新型材料，以高性能的新型功能材料为基础的各种敏感（如热敏、气敏、压敏、力敏、光敏、磁敏等）元器件以及功能转换（如电声转换、光电转换、热电转换等）元器件，在不同行业和领域都具有广泛的用途和重要的作用。功能材料是国家重点发展的领域，近年来我国对从事功能材料的研究、生产与应用等方面工作的人才的需求量呈现不断增加的趋势。在功能材料的研究、开发和生产中，人们越来越注重采用新型化学合成与制备技术，以充分提高材料、产品或器件的性能，更好地满足实际应用的需要。因此，加强对学生在功能材料的化学合成与制备等方面的基本知识、基本能力和基本技能的培养和训练，是造就适应社会需要的合格人才的客观要求。

本书是高等学校功能材料系列实验教材之一，基于高等学校材料物理专业背景，为适应高校创新实践教学改革的需要，对实验教学内容进行理性设计和整合，从实验教学内容、教学方法和教学手段三个方面入手，围绕实验设计、合成与制备、性能表征、结果分析展开。专业实验是充实、加深和强化学生对相关专业知识的认识和理解的重要教学环节，在培养和提高学生对基础理论、基本知识的实际运用能力方面起着不可替代的作用。本书旨在进一步充实、加深和强化学生对相关专业知识的认识和理解，使学生与时俱进，掌握材料合成与加工的新方法及功能材料的物理性能测试方法，对功能材料的电学、热学、光学、磁学、电化学等性能进行具体的测定和表征。以深化对材料物理性能的理解，具备材料设计、正确选择设备进行材料合成以及对材料进行工艺、结构、性能相关性研究的能力；使学生深化对材料制备技术和物理性能表征手段的理解，提高学生的实验技能、动手能力、分析问题和解决问题的能力，加强学生实践能力和创新能力的培养，为今后改进现有材料的制备工艺或探索新型功能材料打下基础。

本书内容丰富、涉及面广、实用性强。全书共设 28 大类实验，既涉及功能材料的典型制备技术，又包含一些研究热点材料的制备技术，制备的材料既有纳米材料、薄膜材料又有研究得比较热门的光伏、光电材料，并涉及材料的电学、热学、光学、磁学和电化学等性能，旨在让学生能全方位对功能材料有一个初步的认识。每个实验均配有思考题，以帮助学习者巩固学习重点。

本书由张丰庆任主编，车全德、岳雪涛任副主编，刘科高、武卫兵、石磊参与了本书部分章节的编写工作，王翠娟、郭晓东、解肖斌、代金山对本书的编写出版也给予了大力支持，本书出版得到了山东建筑大学材料科学与工程学院的大力支持，谨此一并表示感谢。

鉴于编者水平所限，书中难免存在疏漏及欠妥之处，希望使用本书的老师、同学及读者及时向我们提出宝贵意见，便于我们在工作中及时改进。

张丰庆

2015 年 5 月

目　录

实验 1　溶胶-凝胶法合成粉体材料

一、实验目的

掌握溶胶-凝胶法的制备粉体的技术。

二、实验基本原理

溶胶-凝胶法（Sol-Gel）是将金属醇盐和其他金属盐按一定配比溶于共同的溶液，经过水解和聚合形成均匀稳定的前驱体溶液，达到分子级的混合，溶胶经过陈化、聚合，形成三维聚合物空间网络。溶胶-凝胶法的基本原理是：易水解的金属化合物在有机溶剂中首先形成溶胶（Sol），然后经过水解与缩聚过程形成湿凝胶（Gel），再经过干燥、预烧以及热分解，除去残余的有机物和水分，最终经过热处理形成超细粉体。

溶胶-凝胶法的优点如下。

① 组分纯度可以达到相当高的水平，这是由于所用原料本身纯度较高，且溶剂在实验过程中易被除去。

② 所制备的组分及掺杂控制精确，组分易于调整。

③ 均匀性好，溶胶-凝胶过程是在溶液中进行的，所以起始组分在分子层次上均匀分布，使得组分具有高度的均匀性。

④ 工艺过程温度低，可以在较低温度下获得超细粉体。

⑤ 设备简单，制备成本低。

三、实验设备和材料

（1）实验设备和仪器　恒温水浴、烧杯、量杯、坩埚、马弗炉、研钵等。

（2）实验材料　乙酸钙、乙酸锶、硝酸铋、乙二醇、乙酰丙酮、钛酸四丁酯，所用试剂均为 AR 级。

四、实验步骤与方法

以溶胶凝胶-自蔓延燃烧法制备 $Ca_{0.4}Sr_{0.6}Bi_4Ti_4O_{15}$（$C_{0.4}S_{0.6}BTi$）纳米粉体，以乙酸钙 $[Ca(CH_3OO)_2 \cdot H_2O]$、乙酸锶 $[Sr(CH_3OO)_2 \cdot 0.5H_2O]$、硝酸铋 $[Bi(NO_3)_3 \cdot 5H_2O]$ 和钛酸四丁酯 $[Ti(OC_4H_9)_4]$ 分别作为 Ca、Sr、Bi 和 Ti 的离子源，乙二醇作溶剂。按照化学组成式 $Ca_{0.4}Sr_{0.6}Bi_4Ti_4O_{15}$ 将乙酸钙、乙酸锶、硝酸铋溶于乙二醇，乙酰丙酮溶于钛酸四丁酯中充分搅拌，再将混合均匀的上述两种溶液充分搅拌，得到淡黄色的透明溶液。在 50℃下，于真空干燥箱中干燥 10 天左右，直至形成深黄色凝胶，将凝胶在坩埚中点燃，取最终的黄色粉末，然后在 800℃下进行热处理得到复合氧化物粉体。其制备工艺流程如图 1 所示。

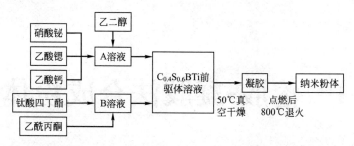

图 1 $Ca_{0.4}Sr_{0.6}Bi_4Ti_4O_{15}$ 粉体的合成工艺流程

五、数据记录与处理

测试干燥温度与粉体粒度的关系。

六、实验注意事项

① 实验所用试剂含酸、碱，过程涉及高温煅烧等工序，请在实验前做好相应的安全防护措施。

② 在使用相关试剂前，应检查试剂是否有吸潮等现象，如有请找指导老师更换。

七、思考题

① 分析影响溶胶-凝胶法制备粉体的因素。

② 溶胶到凝胶的转变条件是什么？

实验 2　水热法合成粉体材料

一、实验目的

① 了解水热法合成粉体的基本原理。

② 掌握钛酸钡粉体水热合成方法。

二、实验基本原理

水热法是在特制的密闭反应容器（高压釜）里，采用水、溶液为反应介质，通过对反应容器加热，创造一个高温、高压的反应环境，使得通常难溶或不溶的物质溶解并且重结晶。水热法是在百余年前由地质学家模拟地层下的水热条件研究某些矿物和岩石的形成原因，在实验室内进行仿地质水热合成时形成的一种方法。

水热法是合成具有特种结构、功能、性质的固体化合物和新型材料的重要途径和有效方法。水热法制备粉体的方法主要有：水热沉淀、水热脱水、水热结晶、水热合成、水热分解、水热氧化等。水热沉淀是水热法中最常用的方法，制粉过程通过高压釜中的可溶性盐或化合物与加入的沉淀剂反应，形成不溶性氧化物或含氧盐的沉淀；水热脱水是借助于金属分离物将水从水热溶液中脱出；水热结晶法是以非晶态氢氧化物、氧化物或水凝胶作为前驱物，在水热条件下结晶成新的氧化物晶粒；水热合成是将两种或两种以上成分的氧化物、氢氧化物、含氧盐或其他化合物在水热条件下处理，重新生成一种或多种氧化物、含氧盐的方法；水热分解是将氢氧化物或含氧盐在酸或碱溶液中的水热条件下分解形成氧化物粉体或将氧化物在酸或碱溶液中再分散成细粉；水热氧化采用金属单质为前驱物，经水热反应，得到相应的金属氧化物粉体。

水热合成陶瓷粉体，粉体晶粒的形成经历了"溶解—结晶"两个阶段。水热法制备粉体常采用固体粉体或新配置的凝胶作前驱物，所谓"溶解"是指在水热反应初期，前驱物微粒之间的团聚和连接遭到破坏，以使微粒自身在水热介质中溶解，以离子或离子团的形式进入溶液，进而成核、结晶而形成晶粒。通常，前驱物在水热溶液中的溶解度较小，在高温高压下水的临界密度为 $0.32g/mL$。在高温高压下的超临界态水中，水的离子积增大很多，如在 $60℃$ 和 2000 大气压条件下，水的离子积是常温常压下的 105 倍，这意味着许多在平常条件下不溶于水的物质，在高温高压下变成可溶。反应过程的驱动力是最后可溶的前驱物或中间产物与稳定氧化物之间的溶解度差。

水热法借助高压釜可以获得通常条件下难以获得的几个纳米到几十纳米的粉体，是制备结晶良好、分散性佳的超细陶瓷粉体的优选方法之一。而且，水热法制得的粉体粒度分布窄、团聚程度低、成分纯净、制备过程污染小、成本较低。与其他湿化学合成法比较，水热法有如下特点。

① 用水热法可直接得到结晶良好的粉体，不需要高温灼烧处理，避免了在此过程中可

能形成的粉体硬团聚及晶粒长大现象，因此，水热法制备的粉体活性高。

② 粉体晶粒的物相和形貌与水热反应条件有关，如以 $ZrOCl_2$ 加氨水制得的 $Zr(OH)_4$ 胶体为前驱物，在酸性和强碱性溶液里，水热反应制得的是单斜相 ZrO_2 晶粒，而在中性介质中则可得四方/立方相 ZrO_2 晶粒。

③ 可通过改变反应温度、反应时间及前驱物形式等水热条件调节粉体晶粒尺寸大小。

④ 制备工艺较为简单。

⑤ 化学计量准确。

⑥ 纯度较高，由于在结晶过程中可排除前驱物中的杂质，因而大大提高了纯度。

三、实验设备和材料

（1）实验设备　水热反应釜、烧杯、电子天平、磁力搅拌器、抽滤装置、烘箱、坩埚、研钵等。

（2）实验材料　氯化钡（$BaCl_4 \cdot 2H_2O$）、四氯化钛（$TiCl_4 \cdot xH_2O$）、氢氧化钠（$NaOH$）、纯净水，所用试剂为 AR 级。

四、实验步骤与方法

（1）典型实验条件　Ba/Ti＝1.2：1，NaOH 过量 1.5mol/L，水热反应条件：240℃/12h。所得产物为高纯四方相钛酸钡粉末，粉末粒度小于 100nm，均匀，易分散，比表面积为 $12m^2/g$。

（2）氢氧化钠溶液配制　取一个 250mL 的塑料烧杯，称取 60g 氢氧化钠加入适量的纯水中溶解，待溶液冷却至室温后，定容至 100mL，获得 10mol/L 的氢氧化钠溶液，待用。

（3）水热前驱体配制　根据配制前驱体溶液总体积为 100mL 计算，取 150mL 烧杯，按 Ba/Ti＝1.2：1（摩尔比）的比例计算氯化钡和四氯化钛的用量，称量氯化钡至烧杯，并加入适量纯水搅拌溶解，随后加入四氯化钛溶液，并按过量 1.5mol/L 量取氢氧化钠溶液（上述配制的 10mol/L）加入到钡钛混合溶液中，使其沉淀并搅拌均匀，倒入 150mL 的水热反应釜中，并将反应釜拧紧密闭。

（4）水热反应　将上述反应釜放到烘箱中，并升温到 240℃，保温 12h。

（5）抽滤、洗涤和干燥　待反应釜温度降至室温后开釜取出反应物，并用纯水进行抽滤洗涤至无氯离子即可，将样品放入烘箱于 80℃下干燥 6h 即得样品。

五、数据记录与处理

水热法制备钛酸钡粉体材料

实验人员：　　　　　实验日期：　　　　　天气：　　　　　温度/湿度：

样品编号	配料			反应和洗涤	
	氯化钡/g	四氯化钛/(mol/L)	氢氧化钠/(mol/L)	反应温度时间/(℃/h)	洗涤情况
1					
2					
3					

六、实验注意事项

① 实验所用试剂含酸、碱，过程涉及高温煅烧等工序，请实验前要做好相应的安全防护措施。

② 在使用相关试剂前，应检查试剂是否有吸潮等现象，如有请找指导老师更换。

③ 因氢氧化钠的溶解过程中会产生放热现象，因此配制氢氧化钠溶液时注意将氢氧化钠慢慢加入纯水中，防止局部过热而发生爆沸。

④ 由于反应物中钡元素是过量的，又加上强碱条件，因此水热反应结束开釜后，要尽可能减少釜内溶液在空气中停留的时间，以免溶液与空气中的碳反应生成碳酸钡。在洗涤过程中最好是滴加 1～2 滴冰醋酸，可以有效减少碳酸钡的生成。

七、思考题

① 分析影响水热法制备钛酸钡粉体的过程因素。

② 如何通过水热过程的因素控制实现纳米级、高分散性、高均匀性的钛酸钡粉体的制备？

③ 为何水热法可以在低温下制备出四方相的钛酸钡？

实验3　粉体的粒度及其分布的测定

一、实验目的

① 掌握粉体粒度测试的原理及方法。
② 了解影响粉体粒度测试结果的主要因素，掌握测试样品制备的步骤和注意事项。
③ 学会对粉体粒度测试结果数据进行处理及分析。

二、实验基本原理

粒度分布的测量在实际应用中非常重要，在工农业生产和科学研究中的固体原料和制品，很多都是以粉体的形态存在的，粒度分布对这些产品的质量和性能起着重要的作用。例如催化剂的粒度对催化效果有着重要影响；水泥的粒度影响凝结时间及最终的强度；各种矿物填料的粒度影响制品的质量与性能；涂料的粒度影响涂饰效果和表面光泽；药物的粒度影响口感、吸收率和疗效等。因此在粉体加工与应用的领域中，有效控制与测量粉体的粒度分布，对提高产品质量，降低能源消耗，控制环境污染，保护人类的健康具有重要意义。

粉体粒度及其分布是粉体的重要性能之一，对材料的制备工艺、结构、性能均产生重要的影响，凡采用粉体原料来制备材料者，必须对粉体粒度及其分布进行测定。粉体粒度的测试方法有许多种：筛分析、显微镜法、沉降法和激光法等。激光法是用途最广泛的一种方法。它具有测试速度快、操作方便、重复性好、测试范围宽等优点，是现代粒度测量的主要方法之一。

激光粒度测试是利用颗粒对激光产生衍射和散射的现象来测量颗粒群的粒度分布的，其基本原理为：激光经过透镜组折射成具有一定直径的平行光，照射到测量样品池中的颗粒悬浮液时，产生衍射，经傅氏（傅里叶）透镜的聚焦作用，在透镜的后焦平面位置设有多元光电探测器，能将颗粒群衍射的光通量接收下来，光-电转换信号再经模数转换，送至计算机处理，根据夫琅禾费衍射原理关于任意角度下衍射光强度与颗粒直径的公式，进行复杂地计算，并运用最小二乘法原理处理数据，最后得到颗粒群的粒度分布。

三、实验设备和材料

（1）制样　超声清洗器、烧杯、玻璃棒、蒸馏水、六偏磷酸钠。
（2）测量　Easysizer20 激光粒度仪、微型计算机、打印机。

四、实验步骤与方法

1. 测试准备
（1）仪器及用品准备
① 仔细检查粒度仪、电脑、打印机等，看它们是否连接好，放置仪器的工作台是否牢

固，并将仪器周围的杂物清理干净。

② 向超声波分散器分散池中加大约 250mL 的水。

③ 准备好样品池、蒸馏水、取样勺、取样器等实验用品，装好打印纸。

（2）取样与悬浮液的配置

激光粒度仪是通过对少量样品进行粒度分布测定来表征大量粉体粒度分布的。因此要求所测的样品具有充分的代表性。取样一般分三个步骤：大量粉体（10kg）→实验室样品（10g）→测试样品（10mg）。

① 从大量粉体中取实验室样品应遵循的原则　尽量从粉体包中多点取样；在容器中取样，应使用取样器，选择多点并在每点的不同深度取样。每次取完样后都应把取样器具清洗干净，禁止用不洁净的取样器具取样。

② 实验室样品的缩分

a. 勺取法　用小勺多点（至少四点）取样。每次取样都应将进入小勺中的样品全部倒进烧杯或循环池中，不得抖出一部分，保留一部分。

b. 圆锥四分法　将试样堆成圆锥体，用薄板沿轴线将其垂直切成相等的四份，将对角的两份混合再堆成圆锥体，再用薄板沿轴线将其垂直切成相等的四份，如此循环，直到其中一份的量符合需要（一般在 1g 左右）为止。

c. 分样器法　将实验试样全部倒入分样器中，经过分样器均分后取出其中一份，如这一份的量还多，应再倒入分样器中进行缩分，直到其中一份（或几份）的量满足要求为止。

③ 配制悬浮液

a. 介质　激光粒度仪进行粒度测试前要先将样品与某液体混合配制成悬浮液，用于配制悬浮液的液体叫做介质。介质的作用是使样品呈均匀的、分散的、易于输送的状态。对介质的一般要求是：（a）不使样品发生溶解、膨胀、絮凝、团聚等物理变化；（b）不与样品发生化学反应；（c）对样品的表面应具有良好的润湿作用；（d）透明纯净无杂质。可选作介质的液体很多，最常用的有蒸馏水和乙醇。特殊样品可以选用其他有机溶剂作介质。

b. 分散剂　分散剂是指加入到介质中的少量的、能使介质表面张力显著降低，从而使颗粒表面得到良好润湿作用的物质。不同的样品需要用不同的分散剂。常用的分散剂有焦磷酸钠、六偏磷酸钠等。分散剂的作用有两个方面：（a）加快"团粒"分解为单体颗粒的速度；（b）延缓和阻止单个颗粒重新团聚成"团粒"。分散剂的用量为沉降介质重量的 2‰～5‰。使用时可将分散剂按上述比例先加到介质中，待充分溶解后即可使用。

说明：用有机系列介质（如乙醇）时，一般不用加分散剂。因为多数有机溶剂本身具有分散剂作用。此外还因为一些有机溶剂不能使分散剂溶解。

c. 悬浮液浓度　将加有分散剂的介质（约 80mL）倒入烧杯中，然后加入缩分得到的实验样品，并进行充分搅拌，放到超声波分散器中进行分散，如图 1 所示。此时加入样品的量只需粗略控制，80mL 介质加入（1/3）～（1/5）勺就可以了。通常是样品越细，所用的量越少；样品越粗，所用的量越多。

说明：测量同样规格的样品时，要大致找出一个比较合适的样品和介质的比例，这样每次测试该样品时就可以按相同的规程操作了。

④ 分散时间　将装有配好的悬浮液的烧杯放到超声波分散器中，打开电源开关就开始进行超声波分散处理了。由于样品的种类、粒度以及其他特性的差异，不同种类、不同粒度颗粒的表面能、静电、黏结等特性都不同，所以要使样品得到充分分散，不同种类的样品以

图 1 悬浮液的配制与分散

及同一种类不同粒度的样品，超声波分散时间也往往不同。表 1 列出了不同种类和不同粒度的样品所需要的分散时间。

表 1 不同样品的超声波分散时间

粒度 $D_{50}/\mu m$	滑石、高岭土、石墨	碳酸钙、锆英砂等	铝粉等金属粉	其他
>20	1~2min	1~2min	1~2min	1~2min
20~10	3~5min	2~3min	2~3min	2~3min
10~5	5~8min	2~3min	2~3min	2~3min
5~2	8~12min	3~5min	3~5min	3~8min
2~1	12~15min	5~7min	5~7min	8~12min
<1	15~20min	7~10min	7~10min	12~15min

2. 测试步骤

① 打开电脑及激光粒度分析仪，预热半小时。

② 打开水池边的水龙头。

③ 打开桌面分析软件。

④ 依次点击编辑—进样器—进水—系统校对。

⑤ 点击"配置—新建测量参数"，输入相应数据。

⑥ 点击"测量—选择测量参数"。

⑦ 点击"新建"（桌面上将出一个模板）。

⑧ 点击"自动"，然后根据仪器的相应提示操作，系统将根据用户设定的测量参数自动完成测量过程中所有的操作。

⑨ 将数据导出到 excel 中，以及使用复制键把粒度分布图转到 excel 中。

3. 测量结果的真实性确认

对于一个新样品，得到测试结果后，不应马上向外报告结果，因为初次测得的结果未必是真实的。在测量过程中，很多因素会使测量结果失真，例如分散不良、悬浮液中有气泡、测量窗口玻璃结露、粗颗粒沉降、取样的代表性不佳，等等。本节介绍测量结果可靠性的判断方法、造成测量失真的原因、现象及排除方法。

（1）重复性是粒度测量结果可信性的重要指标

测量结果的重复性又称为再现性，是指仪器对同一待测粉末材料进行多次测量所得结果之间的相对误差。这里的多次测量分两种情况：①同一次取样，反复测量；②多次取样，多次测量。第二种情况测得的结果反映的重复性是全面的，第一种情况不能反映取样的代表性所引起的重复性问题。

影响重复性的因素可分为三大类：一是仪器本身的性能，是由仪器的质量决定的，与操作无关；二是样品的特性，如分布宽度、密度、分散性等；三是操作。二、三两类因素有时相互交叉，相互影响，下面各小节将详细讨论。

粒度测量的重复性一般要用三个测量值的重复性来描述，他们是平均粒径（体积平均粒径或 D_{50}）、上限粒径（如 D_{90}、D_{95}）和下限粒径（如 D_{10}、D_7）。

在本仪器中，重复性是用被考察特征粒径的相对标准偏差来定义的。

利用本仪器软件的统计报告格式，可自动计算测量值的均方差和相对均方差。

（2）分散不良的影响

分散不良是影响测量结果可信性的常见原因。

影响样品分散效果的主要因素有以下几方面。

① 样品颗粒的团聚性。同颗粒本身的表面物理特性有关，同颗粒的粗细有关。一般来说颗粒越小，则团聚性越强，越不容易分散。

② 悬浮液的选择。不同材料的样品往往要用不同的悬浮液。悬浮液合适与否可以从液体能否浸润颗粒表面观察出来。如果能够浸润，则样品投入盛有悬浮液的量杯后，会很快下沉；否则就会有相当一部分浮在液面上，浮在液面上的比例越少，说明浸润越好，即悬浮液越恰当。

③ 分散剂的使用。分散剂是用来增进颗粒在悬浮液中的分散效果的。当有样品颗粒漂浮在悬浮液表面时，加进合适的分散剂后，浮在上面的颗粒会明显减少。

④ 超声振荡。一般情况下，悬浮液和样品颗粒混合成的混合液要在超声波清洗机内做超声振荡，超声波要有足够的功率，超声时间也要适当。

分散是否良好可以通过显微镜观察混合液发现。如果混合液中的颗粒有两颗或多颗粘连的情况，则说明分散不好。有时从测量的重复性也可反映出分散效果，考察不同次取样测量的重复性时，分散不良的样品的测量结果往往是不稳定的。

（3）气泡的影响

由于在测量中使用了液体，因此容易产生气泡。气泡同液体中的颗粒一样，也要散射光，所以会干扰测量。

气泡产生的原因有：①盖上静态样品池上盖时气泡没有排干净；②第一次使用循环进样器，或循环系统内液体被完全排空后再次使用时循环系统内空气没完全排出；③循环进样器的循环速度太高，以致产生强烈的漩涡，空气被卷进液体，产生气泡；④分散剂中含有发泡剂，循环进样器循环时产生气泡；⑤由两种液体（如乙醇和水）混合而成的悬浮液在循环进样器内循环时可能产生气泡。

原因①产生的气泡，用肉眼仔细观察静态样品池的窗口就可发现。本小节主要讨论后三种原因产生的气泡，它们都是在循环进样器中产生的。

原因②产生的气泡，一般来说颗粒都比较大，用肉眼仔细观察循环进样器的测量窗口也可发现。从背景光能分布上也能看出来：背景光能比正常情况强，且不稳定。只要让它多循环一会儿就会消失。

原因③产生的气泡也可通过肉眼观察测量窗口的方法观察到。从背景光能上看，循环速度的高低对其有明显的影响。如在高速挡有气泡，就将仪器调到较低的挡位运行。

含有发泡剂的分散剂只能在静态样品池中使用，不能在循环进样器中使用；否则会产生大量的气泡。当悬浮液和发泡剂混合但未经搅拌时，不会产生气泡。循环进样器开始循环之后，气泡逐渐增多，一定时间之后达到顶峰。原因⑤产生的气泡现象与原因④相似。在情况比较严重时，可以看到悬浮液由透明变成白色，同时背景光能会明显增高。对这两种原因产生的少量的气泡，可以按以下步骤观察。

步骤 1：把循环速度设为最低速，仪器处于背景测量状态。

步骤 2：启动循环，循环正常（约 3s）后，作背景采样。

步骤 3：背景采样结束（屏幕上的光能分布表下方的"背景测量"按钮变成"样品分析"）后，将循环速度调到较高挡（加样槽不会产生漩涡），观察样品光能分布（此时实际上并没有样品）。

如果观察到的光能分布是稳定、光滑的，说明有气泡，看到的光能实际就是气泡散射的光能。

（4）测量窗口玻璃结露

当实验室温度较低（比如低于 10℃），同时湿度又较高（例如高于 90％）时，进样器的测量窗口插入测量单元后，玻璃上会逐渐产生一层雾。这是由于玻璃表面的温度明显低于测量单元内部温度的缘故。雾滴如同沾在玻璃表面上的尘埃颗粒，将光散射，从而干扰样品的粒度测量。

当测量窗口刚插入测量单元时，玻璃表面还没有雾滴。雾滴是缓慢产生的，也会自动消失。因此在背景测量状态下，会看到背景光能逐步变高，然后又渐渐恢复正常。当背景光能明显高于正常状态时，抽出测量窗口，会看到玻璃上有一层水雾。

显然，有水雾时不能进行背景或样品测量，必须等水雾散尽才行。水雾会自动散去，而且静态样品池比循环进样器散得快。

（5）粗颗粒沉降

用循环进样器测量样品时，要求投入加样槽的所有样品颗粒都有相同的机会参与循环过程，以保证测量的代表性。然而在实际测量中，粗颗粒（例如粒径大于 $60\mu m$ 的颗粒）容易在管路系统中沉淀下来，在样品数据采样时测不到它们，从而使测量结果偏小。因此，我们在测量样品时，要尽量避免粗颗粒下沉。

当有粗颗粒沉降发生时，循环的时间越长，测得的粒度越小。

避免粗颗粒下沉或减少下沉对测量可信性的影响的方法有以下几种：

① 在不卷起气泡的前提下，尽量提高循环速度；

② 选用黏度较高的悬浮液；

③ 如果确实无法避免下沉，则在保证颗粒已在悬浮液内混合均匀的前提下，尽量缩短投进样品至数据采集的时间间隔。

（6）宽分布样品的测量

当样品中的最大粒与最小粒之比大于 15，或 $(D_{90}\sim D_{10})/D_{50}>1.5$ 时，就可以认为样品是宽分布的。一般来说，样品的粒度分布越宽，测量的重复性就越差。为提高宽分布样品的测量重复性，可采用以下几种方法：

① 适当提高测量时的样品浓度；

② 延长采样的持续时间；

③ 多次取样测量，多次测量的平均值作最终报告。

五、数据记录与处理

记录相关实验数据。

六、实验注意事项

① 采用超声波分散器对样品进行分散处理时，控制分散时间，尽量分散彻底。

② 分散剂用量不宜过多，以免影响实验结果。

七、思考题

列举 2～3 个影响测试结果可靠性的因素。

实验 4　功能陶瓷材料的普通压制成型

一、实验目的

① 掌握压制成型的原理与方法。
② 掌握小型成型机的使用。

二、实验基本原理

目前，随着陶瓷新材料应用领域的不断拓展，对陶瓷材料性能的要求愈来愈苛刻。成型工艺是陶瓷材料制备过程的重要环节之一，在很大程度上影响着材料的微观组织结构，决定了产品的性能、应用和价格。成型就是将坯料做成规定尺寸和形状，并具有一定机械强度的生坯。有模压成型、冷等静压成型、可塑成型、注浆成型、原位凝固成型、快速原型成型、注射成型、薄膜和厚膜成型等。随着科学的发展，陶瓷成型技术在传统方法的基础上不断改进创新，离心沉积成型、电泳沉积成型、离心注浆成型和胶态成型等新成型技术不断涌现。模压成型具有以下优点：生产效率高，便于实现专业化和自动化生产；产品尺寸精度高，重复性好；表面光洁，无需一次修饰；能一次成型结构复杂的制品；批量生产，价格相对低廉，因此模压成型应用非常广泛。

模压成型：通过模头对装在钢模内的粉体施加一定压力，压制成一定形状和尺寸的压坯，卸压后，坯块从阴模中脱出，如图 1 所示。

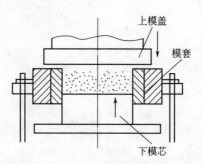

图 1　压制成型示意图

模压成型是将坯料装入金属模具中，坯料在模头的作用下压缩，坯料内孔隙中的气体部分排出，颗粒位移、逐步靠拢，当受力足够大时颗粒发生变化、碎裂，相互咬合，最终形成截面与模具截面相同、上下两面形状由模具上下压头决定的坯体。一般压制压力与坯体密度的关系可分为三个阶段：第一阶段以位移填充为主，密度增加很快；第二阶段以变形位移填充为主，密度增加放慢；第三阶段以颗粒断裂填充为主，密度增加很慢。

在压制过程中坯体内孔隙尺寸显著变小、孔隙数大大减少，坯体密度随压制压力的增加显著提高，具有一定强度。但随着压力的进一步增加，密度基本不变，若进一步增加压力，就会出现分层等现象,陶瓷坯体的压制压力一般为 $40\sim100MPa$,一般会形成密度梯度分布(单向和双向压制),所以模压成型只能成型形状简单和尺寸较小的陶瓷制品(受模具和压力的限制)。

为了减小压制时的摩擦,改善压坯的密度和均匀性,减少模具的磨损和脱模,粉料中可以加入 1% 以下的具有极性官能团的有机物润滑剂(如油酸、石蜡或者硬脂酸盐)。

当粉料为很细的瘠性粉料时,将对成型产生不利的影响:①因流动性差和拱桥效应,影响对模腔的均匀填充;②粉体越细,松装高度越高,压缩比越大,因摩擦而产生的力损失亦越大,易使得坯体密度不均匀;③孔隙中的气体较难排出,易因弹性后效作用使坯体产生层裂,粉料的颗粒大小对成型有着很大的影响。

造粒的时候要加入有助于黏结的成型剂。成型剂是为了提高压坯的强度或为了防止粉料离析而添加的物质,在烧结前或烧结时该物质被除掉。而在烧结的过程中,成型剂的挥发,会造成一定的空隙。因此,选择成型剂时要注意:①有较好的黏结性,在混合粉料中容易均匀分散,且不发生化学反应;②混合粉末中不致因添加这些物质而使其松装密度和流动性明显变差,对烧结特性也不能产生不利影响;③加热时,从压坯中容易呈气态排出,并且这种气体不影响发热元件、耐火材料的寿命。

影响干压成型性能的因素很多,除了粉料本身的性能之外,主要是压制方式和压制制度以及润滑剂的使用。压制方式的影响:由于颗粒间的内摩擦和颗粒与模壁的外摩擦而造成压力损失,单向加压容易在压坯高度方向和截面范围产生密度不均匀的现象。当压坯高度较大的时候,可采用双向加压和两次先后加压来减少这个不均匀的现象。压制压力的影响:当压坯截面积和形状一定时,在一定范围内,压力增大有利于压坯密度的提高,但接近密度的极限时,再提高压制力无助于密度进一步提高,且易出现层裂和损坏模具,对陶瓷粉体而言,压力以在 $70\sim100MPa$ 为宜。保压时间的影响:为使坯体内压力传递充分,有利于压坯中的密度分布均匀以及有利于更多气体沿缝隙排出,必须要有足够的保压时间,一般为 $1\sim2min$。

三、实验设备和材料

① 粉末压片机。

② 金属磨具、粉料若干。

③ 电子天平。

④ 酒精。

⑤ 镊子、勺子、脱脂棉等。

四、实验步骤与方法

1. 造粒

本实验造粒环节比较简单,建议采用浓度为 $5\%\sim10\%$ 的聚乙烯醇(PVA)溶液。

① 将粉料按实际用量倒至大小合适的研钵中。

② 用塑胶小勺将少量的 PVA 溶液添加至粉料中,边添加边用勺子搅和及反复碾磨,将粉料与 PVA 充分混合,然后将粉料在 $60\sim800℃$ 烘箱中烘干。

③ 烘干后将粉料研磨,之后过 50 目筛,备用。

2. 成型

① 选择合适的成型设备。成型设备所用的压力机范围要与成型压力相适应。实验室中试样成型模具直径一般为 $\phi 10\sim 15mm$。成型压力常为 40MPa 左右。

② 使用 10％油酸酒精溶液对模具进行一遍涂抹，等待酒精挥发。

③ 将托盘天平调零，然后称量每一片所用粉体的质量。

④ 弄清楚模具的正反面，正确放置好模具后，将称好的粉料倒入模具中。注意尽可能使粉末在模腔中均匀分布。

⑤ 移动模具至压片机时，要用双手握牢，防止模具掉落。

⑥ 成型：先将油塞螺母拧紧，将模具准确地放置在平台的受力均匀的部位，手动上下扳动手柄，开始加压，加压速度要均匀，试样要做好记录。

⑦ 压力表显示至 40MPa 后，根据实验要求保压一定时间，压制完成后拧松油塞螺母。

⑧ 脱模：在模套下方孔外的平面处垫适当高度的垫块，按照加压的方式，进行脱模，得到圆柱状试样。

⑨ 清理模具内壁、压头上的粉末后，才能重复下一个试样的压制过程。

⑩ 实验完毕后，要及时清理模具，保持模具洁净。

五、数据记录与处理

成型工艺参数

试样编号	粉末质量/g	成型压力/MPa	试样厚度/mm
1			
2			
3			

六、实验注意事项

① 压片时注意模具对正，防止压偏，破坏模具。

② 实验完毕，清洁模具防止生锈。

七、思考题

① 为什么成型时要保压一定时间？

② 成型方式有哪些，各具有哪些优点？

③ 若成型样品密度分布不均匀，烧结后会出现什么结果？

实验 5 功能陶瓷的等静压成型

一、实验目的

① 了解热等静压设备的工作原理。

② 根据不同陶瓷种类选择合适的烧结设备。

二、实验基本原理

热等静压法作为材料现代成型技术的一种,是等静压技术的一个分支。等静压是粉末冶金领域的一种技术,已有近百年历史。等静压技术按其成型和固结温度的高低,通常划分为冷等静压、温等静压、热等静压三种。近几十年来,随着科学技术的进步,特别是热等静压的发展,等静压技术不再只是粉末冶金的专用技术,它的应用已经扩大到了原子能工业、制陶工业、铸造工业、工具制造、塑料和石墨等生产部门。随着其应用范围日益扩大,作用和经济效益的不断提高,热等静压法已经成为一种极其重要的材料现代成型技术。

1. 热等静压法的定义和特点

热等静压(HIP)是在高温高压密封容器中,以高压气体为介质,对其中的粉末或待压实的烧结坯料(或零件)施加各向均等的压力,形成高致密度坯料(或零件)的方法。该法采用金属、陶瓷包套(低碳钢、Ni、Mo、玻璃等)(或不采用),使用氮气、氩气作加压介质,使材料热致密化,其成型过程如图 1 所示。

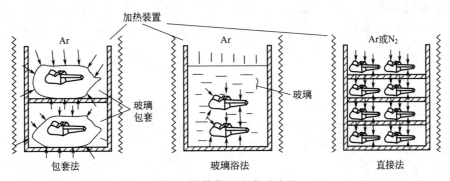

图 1 热等静压法成型过程

由于热等静压法在高温下对工件施加各向均等的静压力成型,使其与传统工艺相比有以下优点:

① 在很低的温度下粉末便可固结到很高的密度;

② 可以压缩成形状复杂的工件;

③ 经过热等静压处理的工件具有一致的密度;

④ 高的气体密度可以促进热交换,提高加热速度,缩短循环时间;

⑤ 由于是非常一致的加热，脆性材料也可被压缩成型。

2. 工艺过程及工作原理

由于热等静压法用于粉末固结更具有代表性，下面以粉末固结过程介绍热等静压法的工艺工程和原理。热等静压法在其他领域应用的工艺与原理与上述相似，只是省略部分阶段，故不再赘述。

（1）热等静压法的工艺过程

热等静压法的一般工艺周期如图 2 所示。

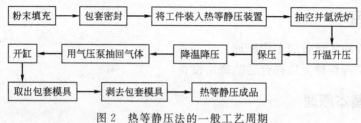

图 2　热等静压法的一般工艺周期

粉末填充一般在真空或惰性气体氛围中进行。为了提高填充粉末的密度，包套要不停地震动。为了得到统一的收缩，则需要填充粉末的密度不低于理论密度的 68%。填充后包套要抽真空并密封，这是因为热等静压过程是通过压差来固结被成型粉末和材料的，一旦包套密封不严，气体介质进入包套，将影响粉末的烧结成型。另外，真空密封可以去除空气和水，防止氧化反应和阻碍烧结过程。

其中升温升压、保压、降温减压阶段被称为高温高压循环。根据升温、升压的先后顺序不同可以分为四种不同的循环方式（见图 3），并具有各自的优点。

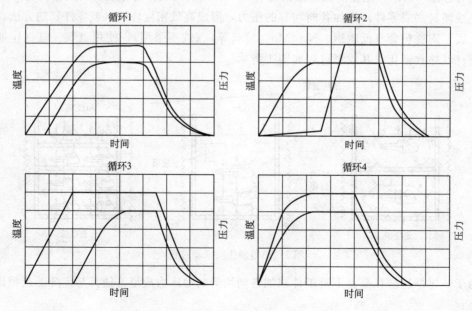

图 3　热等静压循环

循环 1：冷加载循环。升压先于升温，并且两者同时达到各自的峰值。这种方式有利于更好地控制薄壁金属包套的几何形状。

循环 2：热加载循环。当温度达到一定值后再升压。这种方式在使用玻璃包套时尤为重要，过早地加压会使脆性的玻璃破裂。

循环 3：后热循环。这种方式与冷加载循环相似，亦为升压先于升温，不同的是升压到峰值后才开始升温，并保压。这种方式通过塑性变形促进粉末粒子的再结晶，从而降低成型温度。

循环 4：最有效循环。同时升温升压，从而缩短热等静压时间，获得最高的效率。

（2）热等静压法的工作原理

根据帕斯卡原理，在一个密封的容器内，作用于静态液体或气体的外力所产生的静压力，将均匀地在各个方向上传递，在其作用的表面积上所受到的压力与表面积成正比。在高温高压作用下，热等静压炉内的包套软化并收缩，挤压内部粉末使其与自己一起运动。

高温高压同时作用下粉末的致密化过程与一般无压烧结或常温压制有很大差异，其致密化过程大致分为以下三个阶段。

① 粒子靠近及重排阶段　在加温加压开始之前，松散粉末粒子之间存在大量孔隙，同时由于粉末粒子形状不规则及表面凹凸不平，它们之间多呈点状接触，所以与一个粒子直接接触的其他粒子数（粒子配位数）很少。当向粉末施加外力时，在压应力作用下，粉末体可能发生下列各种情况：随机堆叠的粉末将发生平移或转动而相互靠近；某些粉末被挤进临近空隙之中；一些较大的搭桥孔洞将坍塌等。由于上述变化的结果，粒子的临近配位数明显增大，从而使粉末体的空隙大大减小，相对密度迅速提高。

② 塑性变形阶段　第一阶段的致密化使粉末体的密度已有了很大的提高，粒子之间的接触面积急剧增大，粒子之间相互抵触或相互楔住。这时要使粉末体继续致密化，可以提高外加压力以增加粒子接触面上的压应力，也可升高温度以降低不利于粉末发生塑性流动的临界切应力。如果同时提高压力和温度，对继续致密化将更加有效。当粉末体承受的压应力超过其屈服切应力时，粒子将以滑移方式产生塑性变形。

③ 扩散蠕变阶段　粉末粒子发生大量塑性流动后，粉末体的相对密度迅速接近理论密度值。这时，粉末粒子基本上连成一整体，残留的气孔已经不再连通，而是弥散分布在粉末基体之中，好像悬浮在固体介质中的气泡。这些气孔开始是以不规则的狭长形态存在，但在表面张力的作用下，将球化而成为圆形。残存气孔在球化过程中其所占体积分数也将不断减小。粒子间的接触面积增大到如此程度，使得粉体承受的有效压应力不再超过其临界切应力，这时以大量原子团滑移而产生塑性变形的机制将不再起主要作用，致密化过程主要由单个原子或空穴的扩散蠕变来完成，因此整个粉末体的致密化过程缓慢下来，最后趋近于最大终端密度值。

值得注意的是上述三个阶段并不是截然分开的，在热等静压过程中它们往往同时起作用而促进粉体的致密化，只是当粉末体在不同收缩阶段时，由不同的致密化过程起主导作用。

三、实验设备和材料

① 热等静压设备通常包括五个主要组成部分，即高压缸、热等静压炉、气体加压系统、电气和辅助系统，如图 4 所示。

② 行星式球磨机。

③ 酒精。

④ 陶瓷粉。

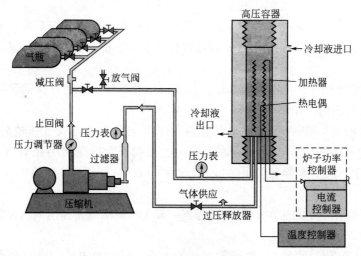

图 4　热等静压设备

四、实验步骤与方法

称量：由基本原料、烧结助剂、性能改进添加剂等组成，采用不同称量精度的电子天平称量原料。

1. 干混工艺

将干粉原料直接混合，适合于混料要求低的情况，如埋粉、燃烧合成原料混合等或原料不能接触液体、不能烘干的情况。

第一步：按配方称量。

第二步：先将主要原料倒入合适大小的塑料袋中，再将小料尽量均匀地撒向主要原料中。

第三步：用手握紧塑料袋口，塑料袋呈鼓气状，上下左右摇动翻滚塑料袋 100～300 下，使原料初步混合。

第四步：将混合料倒入合适大小的球磨桶中，料及混料小柱量在球磨桶容量的（1/2）～（2/3）范围，混料小柱采用陶瓷、有机玻璃、聚氨酯等制作。在球磨机上混料 1～8h。

第五步：将球磨桶中的料倒出，过 40 目筛，去除混料小柱，打散团聚，收入塑料袋中封口备用。

2. 湿混工艺

添加水或有机液体于原料中，适合混料要求高的情况，如陶瓷烧结料。

第一步：按配方称量。

第二步：先将主要原料、烧结助剂及其他添加剂倒入合适大小的球磨桶中，料及混料小柱量在球磨桶容量的（1/2）～（2/3）范围，混料小柱采用陶瓷、有机玻璃、聚氨酯等制作。在球磨机上混料 12～24h。

第三步：将球磨桶中的料倒出，在烘箱或红外灯下烘干，过 40 目筛。收入塑料袋中封口备用。

3. 使用成型压机、模具、冷等静压工艺

① 用软布蘸酒精擦拭模具，着重清洁与样品接触的部位，最后组装好模具。

② 首先计算成型素坯需要量（以素坯密度40%计），称量样品，倒入模具，轻微晃动模具，或使用丝状物拨平物料。

③ 计算模具合适的压力，杜绝用超压力压模具，以及使样品分层的现象出现。

④ 用称料纸将样品规则地包好，用薄膜塑料袋封装样品，前后套三层，注意尽量排除气体。

⑤ 置入等静压机中在100MPa下等静压进一步增加密度。

⑥ 将样品取出，除去包装纸，放入干燥器中待烧。

五、数据记录与处理

① 记录内容：毛坯尺寸（长、宽、高），毛坯密度，重量，烧结后的陶瓷尺寸，陶瓷密度称量数据，重量；硬度、断裂韧性测量数据。

② 计算样品收缩率，失重，硬度，断裂韧性。

六、实验注意事项

包套密封必须严格，防止空气和水进入影响坯体质量。

七、思考题

① 陶瓷基本制备工艺有哪些？

② 总结每一步工艺中，对材料性能有影响的关键点。

实验 6 陶瓷材料烧结工艺和性能测试

一、实验目的

掌握在实验室条件下制备功能陶瓷材料的典型工艺和原理，包括配方计算、称量、混料、筛分、造粒、成型、排塑、烧结、加工、物理与电学性能测试等基本过程，本实验以多功能 TiO_2 压敏陶瓷的制备和性能检测为实例，利用实验找出材料的最优烧结工艺，包括烧结温度和烧结时间。

二、实验基本原理

1. 敏感陶瓷原理

敏感陶瓷材料是某些传感器中的关键材料之一，用于制作敏感元件，它是一类新型多晶半导体功能陶瓷。敏感陶瓷材料是指当作用于由这些材料制造的元件上的某一个外界条件，如温度、压力、湿度、气氛、电场、光及射线改变时，能引起该材料某种物理性能的变化，从而能从这种元件上准确迅速地获得某种有用的信号。按其相应的特性把这些材料分别称为热敏、压敏、湿敏、光敏、气敏及离子敏感陶瓷。

敏感陶瓷就是通过微量杂质的掺入，控制烧结气氛（化学计量比偏离）及陶瓷的微观结构，可以使传统绝缘陶瓷半导体化，并使其具备一定的性能。

陶瓷是由晶粒、晶界、气孔组成的多相系统，通过人为掺杂，造成晶粒表面的组分偏离，在晶粒表层产生固溶、偏析及晶格缺陷；在晶界处产生异质相的析出、杂质的聚集，晶格缺陷及晶格各向异性等。这些晶粒边界层的组成、结构变化，显著改变了晶界的电性能，从而导致整个陶瓷电气性能的显著变化。

压敏半导体陶瓷是指电阻值与外加电压呈显著的非线性关系的半导体陶瓷。使用时加上电极后包封即成为压敏电阻器。制造压敏电阻器的半导体陶瓷材料主要有 SiC、ZnO、$BaTiO_3$、Fe_2O_3、SnO_2、$SrTiO_3$、TiO_2 等。其中 $BaTiO_3$、Fe_2O_3 利用的是电极与烧结体界面的非欧姆特性，而 SiC、ZnO、$SrTiO_3$、TiO_2 利用的是晶界的非欧姆特性，目前在高压领域中应用最广、性能最好的是 ZnO 压敏陶瓷。

由于大规模集成电流的广泛使用，对变阻器的要求是更小更薄，具有更多功能和相对较低的漏电流。根据这些新要求和压敏功能与陶瓷显微结构的关系，人们把研究的注意力集中到具有半导体晶界效应的 TiO_2 材料方面。

电子陶瓷的电阻是由晶粒和晶界的电阻组成的，压敏电阻器是利用电子陶瓷的晶界效应，晶粒的电阻率要很小。晶界是在陶瓷的烧结过程中，随着晶粒长大，部分添加剂偏析在晶粒之间形成的。

压敏电阻器的阻值是随着外加电压而变化的，当外加电压低于压敏电压时，材料的晶界势垒高，压敏电阻表现为高电阻状态，这时的电阻主要来源于晶界；当外加电压达到压敏电

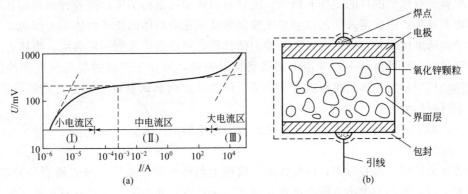

图1　氧化锌压敏电阻器的 I-U 特性曲线及其示意图

压时，电阻将随着电压的增加而急剧下降，这使得晶界势垒将被击穿，其阻值主要由晶粒电阻所决定。考虑到压敏电阻器的这种电阻变化特性，要求压敏陶瓷的晶界势垒 B 要高，使晶界成为一个高阻的晶界层，而晶层界的厚度要窄，即易发生隧道击穿，并且晶粒的电阻率要很小，有利于压敏陶瓷由高电阻状态突变为低电阻状态（见图1）。

（1）添加剂的掺杂

为了降低晶粒的电阻率，就必须使 TiO_2 晶粒半导体化。由于 TiO_2 材料存在本征缺陷和钛离子填隙，已经使得 TiO_2 变成一种弱 n 型半导体。为进一步降低材料的晶粒电阻掺入高价离子，如 5 价离子 Nb^{5+}、Ta^{5+} 和 6 价离子 W^{6+} 来替代 Ti^{4+} 形成晶格替位，可以发生如下缺陷反应：

$$Sb_2O_5 \longrightarrow 2SbTi+2e^-+Oox+1/2O^2(g)$$

式中　SbTi——占据钛离子格点位置带有一个正电荷的锑离子；

　　　e^-——一个电子的电荷；

　　　Oox——占据氧格点位置的原子。

TiO_2 材料中晶粒载流子浓度为：$n=[SbTi]$。

从理论上说，随着掺杂 Sb_2O_5 浓度的增加，载流子浓度不断增加，晶粒的电阻率应当不断下降，实际上开始时随着 Sb_2O_5 含量的增加，晶粒电阻率急剧减小，但是当其含量超过一定值以后，晶粒的电阻率稍有增加。这可能是由于掺杂过多时，不能够形成替位杂质，不能提供自由电子，而杂质的增加，导致杂质散射作用增强。

（2）烧结过程的控制

烧结温度和保温时间一直是工艺研究的主要内容，直接影响材料的半导体化、致密化及添加物在主成分中的扩散过程。烧结温度显著影响材料的电学性能。适当的烧结温度，可使晶粒生长充分，并降低压敏电压、完善晶界的形成；过高的烧结温度会使晶粒过分长大，导致晶界不稳定；过低的烧结温度不利于势垒的形成，压敏性能较差。适当的保温时间是获得一定高度晶界势垒、形成良好压敏特性晶界的必备条件。

TiO_2 压敏电阻器在烧成时容易受氧分压的控制，较低的氧分压有利于晶粒的半导化，获得较好的压敏性能。在烧结后的冷却过程中，空气中的氧沿晶界扩散，使晶界层绝缘化更加充分，但在高氧化气氛条件下，非线性系数主要取决于表面氧化层。由此表明，工艺极大地影响 TiO_2 压敏电阻的微观结构和电学性能。

2. 球磨机工作原理

对原料进行球磨的目的主要有两个：使物料粉碎至一定的细度；使各种原料相互混合均匀。陶瓷工业生产中普遍采用的球磨机主要是靠装一定研磨体的旋转筒体来工作的。当筒体旋转时带动研磨体旋转，靠离心力和摩擦力的作用，将研磨体带到一定高度。当离心力小于其自身重量时，研磨体落下，冲击下部研磨体及筒壁，而介于其间的粉料便受到冲击和研磨，故球磨机对粉料的作用可分成两个部分：研磨体之间和研磨体与筒体之间的研磨作用；研磨体下落时的冲击作用。

为提高球磨机的粉碎效率，主要应考虑以下几个影响因素。

（1）球磨机转速

当转速太快时，离心力大，研磨体附在筒壁上与筒壁同步旋转，失去研磨和冲击作用。当转速太慢时，离心力太小，研磨体极易滑落下来，没有冲击能力。只有转速适当时，磨机才具有最好的研磨和冲击作用，产生最好的粉碎效果。合适的转速与球磨机的内径、内衬、研磨体种类、粉料性质、装料量、研磨介质含量等有关系。

（2）研磨体的密度、大小和形状

应根据粉料性质和粒度要求全面考虑，研磨体密度大可以提高研磨效率，而且直径一般为筒体直径的 1/20，且应大、中、小搭配，以增加研磨接触面积。圆柱状和扁平状研磨体接触面积大，研磨作用强，而圆球状研磨体的冲击力较集中。

（3）料、球、水的比例

球磨机筒体的容积是固定的。原料、磨球（研磨体）和水（研磨介质）的装载比例会影响球磨效率，应根据物料性质和粒度要求确定合适的料、球、水比例。

三、实验设备和材料

1. 实验材料

TiO_2、Nb_2O_5、SiO_2、La_2O_3。

为使粉料更符合成型工艺的要求，在需要时应对已粉碎、混合好的原料进行某些预处理。

（1）塑化

传统陶瓷材料中常含有黏土，黏土本身就是很好的塑化剂；只有对那些难以成型的原料，为提高其可塑性，需加入一些辅助材料。

① 黏结剂　常用的黏结剂有聚乙烯醇、聚乙烯醇缩丁醛、聚乙二醇、甲基纤维素、羧甲基纤维素、羟丙基纤维素、石蜡等。

② 增塑剂　常用的增塑剂有甘油、钛酸二丁酯、草酸、乙酸二甘醇、水玻璃、黏土、磷酸铝等。

③ 溶剂　能溶解黏结剂、增塑剂，并能和物料构成可塑物质的液体。如水、乙醇、丙酮、苯、乙酸乙酯等。

选择塑化剂要根据成型方法、物料性质、制品性能要求、添加剂的价格以及烧结时是否容易排除等条件，来选择添加剂的种类及其加入量。

（2）造粒

粉末越细小，其烧结性能越良好；但由于粉末太细，流动性差、装模容积大，因而会造成成型困难，烧结收缩严重，成品尺寸难以控制等。为增强粉末的流动性、增大粉末的堆积密度，特别是采用模压成型时，有必要对粉末进行造粒处理。常用的方法是，用压块造粒法来造粒，将加好黏结剂的粉料在低于最终成型压力的条件下，压成块状，然后粉碎、过筛。

（3）浆料

为了适应注浆成型、流延成型、热压铸成型工艺的需要，必须将陶瓷粉料调制成符合各种成型工艺性能的浆料。

2. 模压（干压成型）

将水分适当的粉料置于钢模中，在压力机上加压形成一定形状的坯体。干压成型的实质是在外力作用下，颗粒在模具内相互靠近，并借内摩擦力牢固地把各颗粒联系起来，保持一定形状。

3. 烧结实验

压好的型坯，颗粒之间的结合主要靠机械咬合或塑化剂的黏合，型坯的强度不高。将型坯在一定的温度下进行加热，使颗粒间的机械咬合转变成直接依靠离子键、共价键结合，极大地提高了材料的强度，这个过程就是烧结。

陶瓷材料的烧结分为三个阶段：升温阶段、保温阶段和冷却阶段。

在升温阶段，坯体中往往出现挥发分排出、有机黏合剂等分解氧化、液相产生、晶粒重排与长大等现象。在操作上，考虑到烧结时挥发分的排出和烧结炉的寿命，需要在不同阶段有不同的升温速率。

保温阶段指型坯在升到的最高温度（通常也叫烧结温度）下保持的过程。粉体烧结涉及组成原子、离子或分子的扩散传质过程，是一个热激活过程，温度越高，烧结越快。在工程上为了保证效率和质量，保温阶段的最高温度很有讲究。烧结温度与物料的结晶化学特性有关，晶格能大，高温下质点移动困难，不利于烧结。烧结温度与材料的熔点有关系，对陶瓷而言是其熔点的 0.7～0.9 倍，对金属而言是其熔点的 0.4～0.7 倍。

冷却阶段是陶瓷材料从最高温度到室温的过程，冷却过程中伴随有液相凝固、析晶、相变等物理化学变化。冷却方式、冷却速度快慢对陶瓷材料最终相的组成、结构和性能等都有很大的影响，所以所有的烧结实验需要精心设计冷却工艺。

如果烧结的温度过高，则可能出现材料颗粒尺寸大，相变完全等严重影响材料性能的问题，晶粒尺寸越大，材料的韧性和强度就越差，而这正是陶瓷材料的最大问题，因此要提高陶瓷的韧性，就必须降低晶粒的尺寸，降低烧结温度和保温时间。但是在烧结时，如果烧结温度太低，没有充分烧结，材料颗粒间结合不紧密将会导致强度较低。

四、实验内容及步骤

1. 确定 TiO_2 压敏陶瓷材料配方

Nb_2O_5 的添加：使得陶瓷半导体化，将晶粒电阻率降至 0.6～5Ω·cm。

SiO_2 的添加：降低 Ti—O 键的结合能来增加 Nb_2O_5 的掺入量，使半导体化更加充分。

La_2O_3 的添加：三价离子（La^{3+}、B^{3+} 等）在烧结过程中偏析于晶界，使材料表现出良好的压敏特性。

根据相关资料及经验本实验所确定的实验配方如下：

97.8mol％TiO_2＋0.8mol％Nb_2O_5＋0.25mol％SiO_2＋$x$mol％La_2O_3

其中，x＝0.8，0.9，1.0，1.1。

注意事项：在计算配方之前要确定原料的纯度及分子量。

2. 配方计算

计算步骤：

① 根据试样的标签列出分子量（M）和纯度（C）；

② 摩尔比（M_0）由实验方案确定；

③ 修正摩尔比（M_{01}）＝摩尔比（M_0）/纯度（C）；

④ 质量（W_0）＝修正摩尔比（M_{01}）×分子量（M）；

⑤ 质量分数（W_{01}）＝质量（W_0）/总质量[注：总质量＝各原料的质量（W_0）之和]；

⑥ 各原料质量（W_{02}）＝质量分数（W_{01}）×所配原料的总重（注：所配原料的总重一般为 10g）。

计算见表 1 所列。

表 1　配方计算表

项　目	TiO$_2$	Nb$_2$O$_5$	SiO$_2$	La$_2$O$_3$	合计
相对分子质量	79.88	265.82	60.08	325.84	
纯度	0.98	0.9995	0.99	0.9995	
摩尔比					
修正摩尔比					
质量					
质量分数					
各原料质量					

3. 称量

主要设备：电子分析天平。

辅助用品：药勺、烧杯、称量纸、标签纸。

称量步骤：

① 接通电源，安装和调节调节水平旋钮，使天平水平泡移到中央位置；

② 称量，先按下回零键，显示回零，将样品置于称盘上进行称量，当读数稳定时，读取称量值；

③ 称量完毕关机并清理实验台，将药品及称量器材（洗涤后）放回原处。

4. 混料

采用湿法球磨粉料，料：球比例为 1：1，球磨时间为 8～12h，然后干燥得到混合好的粉料。

5. 筛分

主要设备：320 目标准筛。

辅助用品：毛刷、烧杯、样品盘。

筛分步骤：

① 将干燥好的物料放入 320 目标准筛中；

② 用毛刷手动筛分；

③ 将筛分的粉料倒入相应配方标号的烧杯中。

6. 造粒

由于电子陶瓷缺乏可塑性，无法成型，必须进行增塑。本实验采用聚乙烯醇（PVA 水溶液）作增塑剂。

其配制方法如下：PVA 颗粒与去离子水用量为 1∶20（质量比），制成 PVA 水溶液。造粒的目的是将材料混合颗粒加工成 20～60 目较粗的团聚颗粒，使之有较好的流动性，容易填满模腔，以便模压成型。

主要设备：45 目标准筛。

辅助用品：5%g/mL 的 PVA 水溶液、玛瑙研钵。

实验步骤：

① 将干燥好的物料倒入玛瑙研钵中并滴加适量 PVA；

② 研磨均匀后过 45 目标准筛。

7. 成型

本实验制品为圆形电子陶瓷片，形状简单，故采用钢模干压。

主要设备：粉末压片机。

辅助用品：模具、药勺、烧杯、镊子。

压片步骤：

① 把钢模擦净，称取造粒后的粉料 1～1.5g，倒入模具中；

② 用粉末压片机压片（成型压力为 200～350MPa），保压 30～50s 后卸去压力；

③ 用脱模套脱模；

④ 用镊子取出压制好的陶瓷片；

⑤ 清洁模具。

8. 排塑

黏结剂的作用只是增加可塑性，需将黏结剂排除，以免影响烧成质量。

主要设备：烧结炉（常规马弗炉）。

辅助用品：刚玉板或刚玉坩埚。

排塑曲线：排塑工艺曲线如图 2 所示。

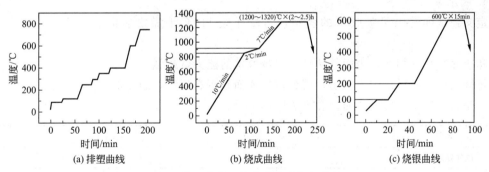

图 2 排塑曲线、烧成曲线和烧银曲线

9. 烧结

在放入烧结炉前，对样品的质量、尺寸进行测量，比如对于圆片状坯体，尺寸上需要测定的有：试样高度 H，试样的直径 R，如果是方形试样，则需要测定的尺寸有长 L、宽 W、高 H。记录这些数据以备在烧结后测定材料的烧结收缩。

将制好的坯体放在承烧板上，关好炉门，对烧结炉进行程序设计。升温过程中，升温速率最大为 3℃/min。200℃打开炉门空冷。

烧结的保温时间为 120min。

五、数据记录与处理

在本实验中，主要考察材料表面气孔率、相对密度、吸水率以及线收缩率。

1. 目测

在烧结的过程中，可能由于很多的原因而出现表面裂纹，有些会出现表面的凹陷，所以，烧结后检测的第一步就是目测试样。如果出现以上问题，则试样是不合格的，目测是否出现表面裂纹、是否有变形现象，是否表面出现凹陷或者突出。

2. 密度测试

试样经110℃干燥之后的质量与试样总体积之比，用 g/cm^3 表示。材料烧结好坏的一个重要指标就是密度是否接近理论密度。在烧结过程中，随着晶界的不断移动，伴随着液相和固相传质的进行，颗粒间的空隙会逐渐在表面消失，其中会有些气孔保留，大多数的气孔会逐渐缩小甚至消失。达到良好烧结的标准就是气孔率小，密度接近理论密度。

例如：原料采用99％的氧化铝，理论密度为 $3.9g/cm^3$（全部按照 $\alpha\text{-}Al_2O_3$ 来计算）。

3. 线收缩率

在烧结后，最明显的变化就是尺寸的较大收缩，在变形量很小的情况下，线收缩率越大，说明样品烧结得越致密。一般的收缩率有体积收缩率和线收缩率两种，由于工具简便，准确度较高，所以线收缩率是比较常见的测试方法。取几个比较具有代表性的尺寸（对圆片状的样品来说，取直径 d 和高度 H），计算每一个尺寸的缩小尺寸和原尺寸的百分比，然后取平均值。

4. 表面气孔率

定义：是一定表面的气孔的体积和材料的总体积的比，用百分数来表示。

表面气孔率可以在很大程度上反映材料的致密程度，如果表面有很多的开口气孔，则材料的烧结就是不致密的，气孔率越大，致密度就越低。

5. 吸水率

定义：试样孔隙可吸收水的质量，与试样经110℃干燥之后的质量之比，用百分率表示。

和表面气孔率相似，表面气孔越多，吸取水的能力就越强。

将烧结好的试样从炉中取出，观察试样表面是否有裂纹，裂纹的大小、深浅和个数；观察材料是否发生了变形、弯曲。在下表中作记录。

试样名称		测试人		测定日期	
试样处理					
编号		裂纹数量		裂纹长度	是否有变形

6. 实际密度、吸水率、气孔率的测定

（1）实际密度采用排水法测定

计算气孔率和密度关键是要知道试样的体积和气孔的体积，可以根据阿基米德原理，用液体静力称重法来测定。将试样开口孔隙中的空气排出，充以液体，然后称量饱吸液体的试样在空气中的质量及悬吊在液体中的质量，由于液体浮力的作用，此两次称量的差值等于被试样所排开的同体积液体，此值除以液体的密度即得试样的真实体积。试样饱吸液体之前与饱吸液体之后，在空气中的质量之差，除以液体的密度即为试样开口孔隙所占体积。

欲使试样孔隙中的空气在较短时间内被液体代替，必须采用强力排气，常用方法有煮沸法和抽真空法，在本实验中采用抽真空法。

设：干燥试样重 g_0（g）、饱吸液体试样在空气中的质量 g_1（g）、饱吸液体试样在液体中的质量 g_2（g）、液体的密度 r（g/cm³）、陶瓷的理论密度，可按下式分别计算陶瓷试样的吸水率、开口气孔率、实际密度和总气孔率：

$$吸水率 = 100(g_1 - g_0)/g_0$$
$$开口气孔率 = 100(g_1 - g_0)/(g_1 - g_2)$$
$$实际密度 = rg_0/(g_1 - g_2)(g/cm^3)$$
$$总气孔率 = 100(理论密度 - 实际密度)/理论密度$$

（2）仪器及材料

电子天平、真空泵、真空干燥器、压力表、液体槽、支架、吊篮、烘箱、小烧杯、镊子、试样、橡皮管。

（3）实验步骤

① 将试样编号以后，放入 105～110℃ 干燥烘箱烘至恒重，在干燥器中冷却至室温，然后在电子天平上称其重量 g_0。

② 将试样放入真空装置（见图 3）的真空干燥器中，作真空处理：先将试样在真空度不小于 95% 的条件下保持 10min；注入液体，直至试样完全被淹没；再抽真空，直至试样中没有气泡出来为止（约需 30min）；先放入空气，再关闭真空泵；打开真空干燥器的盖，取出试样。

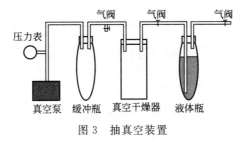

图 3　抽真空装置

③ 在天平上架好支架、吊篮及液体槽，注意吊篮不要与液体槽相接触（见图 4），液体

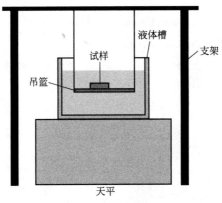

图 4　液体静力天平

要完全淹没试样。试样进入吊篮前，天平要进行调零；试样进入吊篮后，天平显示的质量就是饱和吸收液体的试样在溶液中的质量 g_2。

④ 从液体中取出试样，用湿毛巾均匀地抹去试样表面的液体，在天平上迅速称取饱吸液体试样在空气中的质量 g_1。

（4）实验记录

陶瓷吸水率、气孔率及体积密度的测定

试样名称			测定人		测定日期		
试样处理							
编号	干燥试样质量 g_0/g	饱吸液体试样在空气中的质量 g_1/g	饱吸液体试样在液体中的质量 g_2/g	吸水率/%	开口气孔率/%	实际密度/(g/cm³)	总气孔率/%

7. 尺寸变化

采用游标卡尺测定材料烧前和烧后的尺寸（包括高 H 和半径 R）。

$$烧收率(\%)=(L_0-L)/L_0$$

试样名称			测定人		测定日期	
烧结温度						
编号	烧前 H	烧后 H	H 变化率	烧前 R	烧后 R	R 变化率	总收缩率

如有必要，可以使用 SEM 测定材料的微观结构。

六、实验注意事项

① 确定合理的烧结曲线，使烧结的片子性能最好。
② 烧结温度必须合适，否则影响片子测试性能。

七、思考题

① 原料中不同的成分对材料烧结性能有什么影响？
② 不同的烧结温度对材料的性能有什么影响？
③ 从结果上看，吸水率、表面气孔率、体积密度、线收缩率之间是否有一定的相关性？如何解释？
④ 查阅资料，说明是否烧结致密的试样一定机械强度、断裂韧性等力学性能就一定很好？

实验 7 压电陶瓷的极化

一、实验目的

① 了解压电陶瓷的极化机理。
② 掌握高压电源的使用及操作规程。
③ 掌握极化条件的选择和极化过程的具体操作。

二、实验基本原理

1. 极化机制

压电陶瓷必须经过极化之后才能具有压电性能。所谓极化，就是在一定的温度下，给陶瓷片的两端加上一定的直流电场，保压一定的时间，让陶瓷片的电畴按照电场的方向取向排列，称为极化或单畴化处理。

压电陶瓷的极化机理取决于其内部结构，压电陶瓷由一颗颗小晶粒无规则地"镶嵌"而成。每个小颗粒可以看作一个小单晶，其中的原子（或离子）都是有规则地周期性排列的，形成晶格，而其中的晶格又由一个个重复单元组成，如图 1 所示。

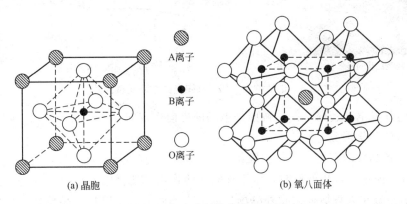

图 1 压电陶瓷晶体结构示意图

由于晶粒的取向不一致，为多晶体，从宏观上看，其为杂乱无章的排列。对于具有压电性能的陶瓷，晶胞在居里温度以下（$T < T_c$），其正负电荷中心不重合，产生自发极化，Ps 极化方向从负电荷中心指向正电荷中心，如图 2 所示。

为了使压电陶瓷处于能量（静电能与弹性能）最低状态，晶粒中就会出现若干小区域，每个小区域内晶胞自发极化有相同的方向，但邻近区域之间的自发极化方向则不同。自发极化方向一致的区域称为电畴。整块陶瓷包括许多电畴，图 3 所示为锆钛酸铅（PZT）压电陶瓷的电畴显微照片。

压电陶瓷的极化处理过程，就是在压电陶瓷上加一足够高的直流电场，并保持一定的温

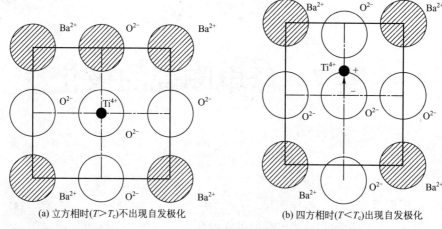

(a) 立方相时($T>T_c$)不出现自发极化   (b) 四方相时($T<T_c$)出现自发极化

图 2   自发极化示意图

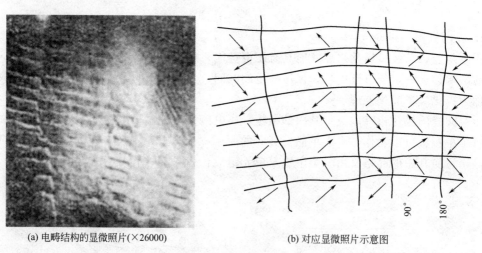

(a) 电畴结构的显微照片(×26000)   (b) 对应显微照片示意图

图 3   锆钛酸铅（PZT）陶瓷的电畴显微照片

度和时间，迫使其电畴转向，使其按照外电场的方向作定向排列。图 4 所示为陶瓷中电畴在极化处理前后的变化情况。

极化前，各晶粒内存在许多自发极化方向不同的电畴，从宏观上看，陶瓷的极化强度为零，如图 4(a) 所示。极化处理时，由于外电场的作用，使得电畴尽量沿外场方向排列，如图 4(b) 所示。极化处理后，撤除外电场，由于内部回复力作用，各晶粒自发极化只能在一定程度上按原外电场方向取向，从宏观上看，陶瓷的极化强度不再为零，这种极化强度，称为剩余极化强度，如图 4(c) 所示。

2. 极化方式的选择

① 油浴极化法是以甲基硅油等为绝缘媒质，在一定极化电场、温度和时间条件下对制品进行极化处理的方法。由于甲基硅油具有使用温度范围较宽、绝缘强度高和防潮性好等优点，该方法适合于极化电场高的压电陶瓷材料。

② 空气极化法是以空气为绝缘媒质，以一定的极化条件对制品进行极化处理的方法。该方法由于不用绝缘油，操作简单，且极化后的制品不用清洗，因而成本低。因空气击穿场强不高（3kV/mm），该方法特别适合较低矫顽场强的软性类 PZT 材料。如 E_c 为 0.6kV/

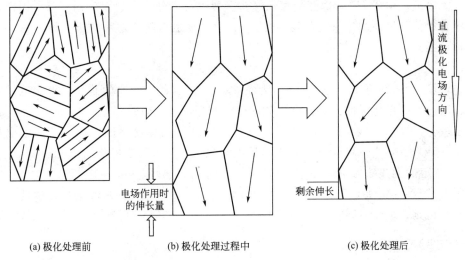

图 4 陶瓷中电畴在极化处理前后的变化情况

mm 的材料，其极化电场选 $2E_c$ 为 1.2kV/mm，选 $3E_c$ 则为 1.8kV/mm，都远低于空气媒质的击穿强度，完全可以达到与油浴极化相同的效果。在提高极化温度和延长极化时间的条件下，该方法还适合于极化因尺寸较厚而击穿场强降低的制品和高压极化有困难的薄片制品。

③ 空气高温极化方法是以空气为绝缘媒质，极化强度从居里温度以上（高于居里温度 T_c 值 10～200℃）加以相应的极化电场（电场较弱，约 30V/mm），并逐步将温度降至100℃以下，同时逐步增加电场到约 300V/mm，使用该种方式对制品进行极化，又称高温极化法或热极化法。该方法的原理在于在制品铁电相形成之前就加上电场，使顺电-铁电相变在外加电场的作用下进行，电畴沿外场方向取向。由于高温时电畴运动较容易，且结晶各向异性较小，电畴作非 180°转向所受阻力小，造成的应力应变较小，所以只要很低的电场就可以得到在低温时很高极化电场的极化效果。该方法具有极化电场低、不需要高压直流电场设备、不用绝缘油及制品发生碎裂少的特点，适合于极化尺寸大（如压电升压变压器的发电部分），普通极化中需要很高电压的制品。可以根据自己实验室所制备样品的体系以及实验室条件，来确定采用何种极化方式。

3. 极化条件的确定（以油浴极化为例）

① 极化温度对极化效果的影响非常重要，不同的体系，极化温度相差很大，因此，对于不熟悉的体系，或事先不知道极化条件的体系，必须先确定大致的极化温度。首先选择一个比较安全的极化电压（以不要击穿为准），时间为 15min，选择在不同的温度下极化（以每隔 5～100℃为一个温度点测试），从低温到高温极化，注意标记好试样的正负极，并测试性能，选择压电常数最大的温度作为极化温度。

② 只有在极化电场作用下，电畴才能沿电场方向取向排列，所以它是极化条件中的主要因素。极化电场越高，促使电畴排列的作用越大，极化越充分。但不同配方，其极化电场高低不同。极化电场的大小主要取决于压电陶瓷的矫顽场 E_c。极化电场一定要大于 E_c，才能使电畴转向，沿外场方向排列，一般为 E_c 的 2～3 倍。而 E_c 的大小与陶瓷组成、结构以及不同的体系有关，E_c 还随温度的升高而降低。因此若极化温度升高，则极化电场可以相应降低。极化电场还受到陶瓷的击穿强度 E_b 的限制，一旦极化电场达到 E_b 大小，陶瓷击

穿后就成为废品。由于E_b会因制品存在气孔、裂纹及成分不均匀而急剧下降，因此，前期制备工序必须保证制品的致密度和均匀性。E_b的大小也与陶瓷样品的极化厚度有关，其关系大致符合下式

$$E_b = 27.2t^{0.39}$$

式中，E_b为击穿电场，kV/cm；t为厚度，cm。因此，较厚的制品，极化电场应相应降低，且通过调高极化温度、延长极化时间以达到好的极化效果。

确定极化温度后，极化时间定为15min，根据样品的厚度不同，加上不同的电压，如2kV/mm、3kV/mm、4kV/mm等，选择压电常数最大的电压为极化电压。

③ 在确定的温度、极化电压下，改变保压时间，选择5min、10min、15min、20min等，取压电常数d_{33}开始趋于饱和的时间为极化时间，因为d_{33}值在极化时间达到一定时会趋于饱和，再延长极化时间，性能基本不变。

三、实验设备和材料

① 极化装置包括高压直流电源、极化夹具、极化槽、加热电炉、温控仪，如图5所示。

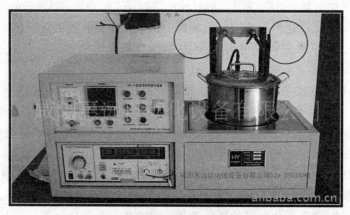

图5 极化装置

② 待极化的试样一批。

四、实验步骤与方法

① 极化前样品预处理：待极化制品的表面必须是洁净的，若有油污杂物，必须用酒精仔细清洗并晾干；烧银后和清洁处理后的制品，禁止用于直接接触，并在制品的一端标明正极标记。

② 将极化设备接通电源，并将硅油预热至设定的极化温度。

③ 装盘：保证制品的电极层与油浴中的正负极接触良好。

④ 极化：打开高压电源，按下工作按钮，在5~10min内缓慢升压至规定的极化电压，在设定的极化电压以及极化温度下，保温保压15min。然后关闭电源，撤除高压电场，取出样品。特别注意的是，在极化过程中，不可接触高压电路，防止触电，若样品被击穿，必须立即关闭高压电源。

⑤ 清洗：用汽油将绝缘保护油清洗干净，并自然晾干。

⑥ 测试不同条件下极化样品的性能。

五、数据记录与处理

记录不同极化条件下试样的压电性能，表格如下。

极化数据记录表

样品成分：			试验者：		实验日期：
编号	极化温度	极化电压	保压时间	压电常数	备注（是否击穿及漏电流）
1					
2					
3					

六、实验注意事项

① 烧银后和清洁处理后的制品，禁止用于直接接触，并在制品的一端标明正极标记。
② 极化后高压电源必须立即关闭。

七、思考题

① 如何确定极化条件？
② 极化过程中，可否快速升高电压至极化电压？如何避免试样被击穿？
③ 极化条件中，温度、极化电压、保压时间对性能的影响有何不同？

实验 8 介电材料的击穿强度

一、实验目的

① 掌握无机介电材料的击穿强度的测试原理和测试方法。

② 学会使用高压直流耐压测试仪。

③ 掌握影响无机介电材料击穿强度的因素。

二、实验基本原理

对于陶瓷材料介质，击穿一般可分为：热击穿、电击穿。热击穿的原理是电极间介质在一定外加电压作用下，其中不大的电导最初引起较小的电流。电流的焦耳热使样品温度升高。但电介质的电导会随温度迅速变大而使电流及焦耳热增加。若样品及周围环境的散热条件不好，则上述过程循环往复，互相促进，最后使样品内部的温度不断升高而引起损坏。热击穿的电场一般为 $10\sim100\text{kV/cm}$，整个过程比较缓慢。

电击穿的原理是在强电场作用下，介质可能因为冷发射或热发射存在一些电子，这些电子一方面在外电场作用下被加速，获得动能；另一方面与晶格振动相互作用，把电场的动能传递给晶格。当这两个过程在一定的温度和场强下平衡时，介质有稳定的电导；当电子从外电场中得到的能量等于传递给晶格振动的能量时，电子的功能就会越来越大，当电子能量足够大时，电子与晶格振动的互相作用导致电离产生新的电子，使自由电子数迅速增加，电导进入不稳定阶段，即发生击穿。该击穿的电场较高，为 $10^3\sim10^4\text{kV/cm}$。

无机材料介电强度的计算可按下式：

$$E=V/d$$

式中，V 为击穿电压；d 为样品沿电场方向的厚度。

介电强度依赖于材料的厚度，厚度减小，介电强度增加。由测试区域中出现的临界裂纹的概率决定。此外，击穿强度还与环境温度和气氛、电极形状、材料表面状态、电场频率和波形、材料成分和孔隙、晶体各向异性、非晶态结构等因素有关，表 1 为常见介质的介电强度。

表 1 一些电介质的介电强度　　　　　单位：$10^6\,\text{V/cm}$

Al_2O_3(0.03mm)	7.0	$BaTiO_3$(0.02cm,单品)	0.04
Al_3O_3(0.60mm)	1.5	$BaTiO_3$(0.02cm,多品)	0.12
Al_2O_3(0.63mm)	0.18	环氧树脂	160~200
云母(0.002cm)	10.1	聚苯乙烯	160
云母(0.006cm)	9.7	硅橡胶	220

三、实验设备和材料

① 耐压仪。万能击穿装置如图 1 所示。

② 游标卡尺。

③ 陶瓷试样的表面光滑平整，圆片状，并镀银电极。

④ 硅油槽。

图 1　万能击穿装置

耐压仪的技术要求如下。

输入电压：AC 220V。

输出电压：DC 0～10kV。

耐压试验电压：0～100kV 连续可调整。

电压测量精度：＜2%。

过电流保护装置：试样击穿时在 0.1s 内切断电源。

漏电电流选择：1～5mA。

四、实验步骤与方法

① 首先仔细阅读耐压仪器的使用说明书。

② 用细砂纸将试样厚度方向的边缘磨光滑。

③ 用夹具夹持住待测样品，放置于硅油容器中。注意样品应处于硅油容器中的中央位置，不能触碰容器壁。

④ 接通电源，选定"电压调节"已经置于"0"的位置，再打开电源开关。

⑤ 测量，按下复位键。缓慢地增加电压，同时注意漏电流显示器和电压显示器，若发现电压迅速降低或者漏电流迅速增大，表示样品被击穿。立即断开电源，将"电压调节"调至零端。记录当时的电压。

⑥ 取出样品，对于击穿可能导致样品破裂的碎片要及时从硅油容器中取出，否则会使下一次实验的漏电可能性增大。

⑦ 数据记录在表 2 中。

五、数据记录与处理

表 2 试样尺寸与击穿强度

样品编号	尺寸大小	击穿电压/V	介电强度 V/mm
1			
2			
3			
4			
5			

六、实验注意事项

使用高压直流耐压测试仪应严格按照指导老师的要求操作，注意安全。

七、思考题

① 介电强度的测试为什么要放在硅油中进行？

② 实验有时会在边缘击穿，为什么？边缘击穿能否代表其真实击穿强度？

③ 测试过程中应该注意哪些安全事项？

实验 9　电子陶瓷元件表面银电极的制作

一、实验目的

① 了解电子陶瓷元件表面电极的制备方法。

② 了解不同电极材料浆料及特性。

③ 掌握银电极的制备方法：丝网印刷和表面涂覆烧结。

二、实验基本原理

陶瓷电极在器件工作部位的表面上，涂覆一层具有高电导率、接合牢固的薄膜作为电极。比较常用的方法有丝网印刷或表面涂覆，然后烧结成银电极。

丝网印刷电极如图 1 和图 2 所示，利用丝网在陶瓷表面印刷一层薄的电极浆料。也可通过人工涂覆的方法涂上一层电极浆料，然后烘干烧结成电极，如图 3 和图 4 所示。

图 1　丝网印刷电极示意图

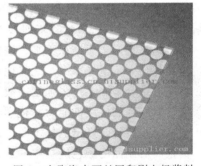

图 2　在陶瓷表面丝网印刷电极浆料

图 3　电极的烧结

图 4　烧好的电极

被银的整个过程，包括涂银和烧银两个阶段。在整个过程中，银浆随着温度的升高，发生一系列的物理化学变化。主要有以下几个阶段（以中温银浆为例）。

（1）黏合剂挥发分解阶段（90～325℃）

银浆中的黏合剂熔化且全部分解，直至除净，化学反应式为：

$$Ag_2CO_3 \longrightarrow Ag_2O + CO_2 \uparrow$$
$$Ag_2O_2 \longrightarrow 2Ag + 0.5O_2 \uparrow$$

即

$$Ag_2CO_3 \longrightarrow 2Ag + CO_2 \uparrow + 0.5O_2 \uparrow$$
$$C_{10}H_{16} + 28Ag_2O \longrightarrow 10CO_2 \uparrow + 56Ag + 8H_2O$$

（2）碳酸银或氧化银还原为金属（Ag）

从520℃开始，还原出来的金属银与助溶剂形成胶状混合物，渗入到制品表面，至600℃还原作用基本结束。化学反应式为：

$$28Ag_2CO_3 + C_{10}H_{16} \longrightarrow 56Ag + 38CO_2 \uparrow + 8H_2O$$

（3）助溶剂转变为胶体阶段（520～600℃）

助溶剂硼酸铅和氧化铋开始转变为液体状态，同金属银一起，开始渗入制品表面。化学式反应式为：

$$28Bi_2O_3 + 3C_{10}H_{16} \longrightarrow 56Bi + 30CO_2 \uparrow + 24H_2O$$
$$14Pb(BO_2) + C_{10}H_{16} \longrightarrow 14Pb + 10CO_2 \uparrow + 8H_2O + 14B$$

（4）金属银与制品表面牢固结合阶段（600℃以上）

还原出来的金属 Ag、Pb 和 Bi，在600℃开始渗入制品表面，但不牢固。800℃是烧渗银层所需要的下限温度，850℃是烧渗银层所需要的上限温度。在850℃银层的渗透效果最好，机械化抗张强度可达到最大值。但对于锆钛酸铅压电陶瓷元件来说，由于其抗还原性较差，为防止三氧化二铁的产生一般只烧渗到700℃左右较为理想。

制品涂覆银层之后，应达到下列基本要求：

① 必须完整均匀、无堆积不平、流窜花纹、明显鳞皮、气泡开裂、漏底脱落等；

② 应光亮洁白，电导率高，无其他任何金属夹杂，不应发黑变黄；

③ 银层应结合牢固，抗张强度一般不低于 10MPa；

④ 应具有较强的抗腐蚀能力，化学稳定性强；

⑤ 银层面积应符合规定的技术要求；

⑥ 覆银前后制品的颜色应基本一致，无显著的差别；

⑦ 制品非覆银面，不应有任何的痕迹。

三、实验设备和材料

① 丝网印刷机（或毛笔）。

② 电极浆料。

③ 烧结好的陶瓷样品。

④ 承烧板、镊子。

⑤ 酒精。

⑥ 烘箱。

⑦ 电阻炉。

四、实验步骤与方法

① 选取适合的银浆。

② 将待金属化的试样进行磨片处理、超生清洗、烘干备用。

③ 用柔软而稍有弹性的狼毫毛笔或毛刷蘸适量的银浆，用手工逐个均匀涂在制品表面上。

④ 每涂一遍，必须在 100～200℃温度下彻底烘干，直至银层呈灰色、浅蓝色或鱼白色为止。冷却到室温后，再涂第二遍，以陶瓷表面均匀为主。

⑤ 烧渗银层：烧渗银层就是将彻底烘干的制品，放在专用烧银的耐火板上，移入高温电炉内，按银浆配方规定的温度焙烧。

注意升温与降温速度要适合。一般进炉温度不高于 150℃，在 200℃以下为 200℃/h，210～350℃时为 180℃/h，360～500℃为 150℃/h，510℃至最高温度为 300℃/h。在 500℃以下时，要敞开炉门升温，并且在炉门处进行强烈地抽风，达到最高温度时，关闭炉门，保温约 10min，达到保温时间后，迅速打开炉门，并继续抽风。炉温降低到 200℃左右，便可出炉。

也可以采用快速烧银法。就是慢速升温，快速降温，按规定的升温速度，缓慢升温至规定的最高温度，并保温 10min。然后立即敞开炉门，采取强制降温的措施，在半个小时内降温至 500℃左右，并突然从炉内取出制品，放在自然环境下冷却到室温。快速烧银法烧的银层特别光亮洁白，组织结构致密，附着力好，抗张强度高。

五、数据记录与处理

陶瓷表面银电极的制作

实验人/实验组		材料成分		实验日期	
烧结温度/℃					
保温时间/h					
银电极表面质量					
缺陷情况					

六、实验注意事项

每次被银后必须等晾干以后，才能烧银。

七、思考题

如何才能被银更加均匀，需要注意哪些细节？

实验 10　超细粉末的制备与半导体性能、热膨胀性能测试

一、实验目的

① 了解低温自燃烧法的基本原理。
② 掌握低温自燃烧法制备 $La_{1-x}Sr_xFeO_3$ 体系材料的方法。
③ 考查粉末合成和陶瓷制备的影响因素。
④ 掌握直流四探针法测量材料的电导率的基本原理和方法。
⑤ 掌握交流阻抗谱法的基本原理和方法。
⑥ 掌握示差法测定热膨胀系数的基本原理和方法。

二、实验基本原理

综合设计型实验"超细粉末的制备与半导体性能、热膨胀性能测试",选择具有良好的电催化活性和混合导电性能的钙钛矿型复合氧化物 $La_{1-x}Sr_xFeO_3$ 体系为研究对象,采用低温自燃烧法制备 $La_{1-x}Sr_xFeO_3$ 体系材料,研究不同化学组成和合成与制备工艺参数对材料电子导电性能、离子导电性能和热膨胀性能的影响。其教学目的是使学生了解科学研究的全过程,逐步掌握科学研究的思维和方法,培养发现问题、分析问题和解决问题的能力。

学生在认真阅读实验指导书的基础上,根据已掌握的有关知识,设计实验方案,选择实验配方和实验条件,完成性能测试,并根据实验现象和实验结果,确定最佳配方和工艺条件,制备出符合使用性能要求的材料。具体而言,本实验包括以下内容:

① 材料组成设计,通过化学组成控制来调整材料的性能;
② 采用低温自燃烧法合成 $La_{1-x}Sr_xFeO_3$ 体系超细粉料,优化助燃剂配比、反应时间、热处理温度等工艺参数,确定最佳的合成工艺条件;
③ 合理设计烧结工艺(烧结温度、烧结时间、升温速度等),制备 $La_{1-x}Sr_xFeO_3$ 体系致密陶瓷;
④ 采用四探针法测量 $La_{1-x}Sr_xFeO_3$ 体系陶瓷的电子导电性能;
⑤ 采用交流阻抗谱法测试 $La_{1-x}Sr_xFeO_3$ 体系陶瓷的氧离子导电性能;
⑥ 采用示差法测量 $La_{1-x}Sr_xFeO_3$ 体系陶瓷的热膨胀系数。

1. $La_{1-x}Sr_xFeO_3$ 体系材料

钙钛矿型(ABO_3)复合氧化物中 A 位为 La(镧)和 Pr(镨)时,其催化活性最高。当部分 A 位离子被 Ca^{2+}、Sr^{2+}、Ba^{2+} 等碱土金属离子取代时.为了达到电荷平衡,会导致材料中形成部分空穴和氧空位,这有利于电催化活性和电子-离子导电性能的提高。

在 $La_{1-x}Sr_xFeO_3$ 体系中,当 Sr^{2+} 取代 La^{3+} 时,为了维持系统的电中性,部分低价

Fe^{3+} 被氧化为高价 Fe^{4+}，同时形成少量氧空位。由金属离子半径的比较可知，Sr^{2+} 引入时 $La_{1-x}Sr_xFeO_3$ 体系可保持良好的结构稳定性。Sr^{2+} 的离子半径为 1.44Å（$1\text{Å}=0.1\text{nm}$），La^{3+} 的离子半径为 1.36Å，Fe^{3+} 的离子半径为 0.65Å，Fe^{4+} 的离子半径为 0.56Å，当 Sr^{2+} 引入时，由于高价 Fe^{4+} 的离子半径明显小于低价 Fe^{3+} 的离子半径，于是 BO_6 八面体中的氧离子向高价 Fe^{4+} 偏移，使 B—O 键长随之减小。与此同时，离子半径较大的 Sr^{2+} 取代 La^{3+} 可能引起晶格在 c 轴方向膨胀，这与 Fe^{4+} 的形成所引起的晶格收缩相互补偿，使得由于 Sr^{2+} 掺入引起的晶格畸变减小。对于 $La_{1-x}Sr_xFeO_3$ 体系，Sr^{2+} 含量的变化会导致材料中高价 Fe^{4+} 的浓度、空穴和氧空位浓度的差异，从而引起其电子导电性能、氧离子导电性能和热膨胀系数的变化。

2. 低温自燃烧法

化学合成法可在一定程度上控制和调节合成粉料的颗粒大小、化学均匀性、物相结构和显微形貌，进而有利于改善坯体的成型质量、降低烧结温度、调节陶瓷样品的显微结构和提高陶瓷样品的各项物理性能。低温自燃烧法是一种制备超细粉料的新型化学合成方法，其工艺过程简单、控制方便、周期短且易于大批量合成。更重要的是，反应物在合成过程中处于高度均匀分散状态，反应时原子只需要经过短程扩散或重排即可进入晶格位点，产物粒度小且粒度分布比较均匀，为制备高性能的超细粉料提供了简便易行的有效途径。

低温自燃烧法实质上是一种低温自燃烧合成法，是一种高效、节能的新型合成方法。其合成温度低，燃烧产生大量的气体（N_2、CO_2）使粉体结构疏松，采用该方法可在较短时间内和很低的热处理温度下制备出单相、多组分、比表面积大、颗粒尺寸小的超细粉体。与柠檬酸或 EDTA-硝酸盐热分解法相比，其初始点燃温度较低，燃烧反应更迅速（约 1min），产物纯度更高（残碳含量小于 0.5%），组分偏析更小。

低温自燃烧法是以甘氨酸为燃料、材料中各组分的硝酸盐为氧化剂的低温自燃烧合成法，其基本化学反应方程式为（以 $LaFeO_3$ 为例）：

$$C_2H_5NO_2+La(NO_3)_3+Fe(NO_3)_3 \longrightarrow LaFe_3+N_2\uparrow+CO_2\uparrow+H_2O$$

在制备过程中，甘氨酸既是燃料，又是络合剂。它的氨基可与过渡金属离子或碱土金属离子络合，而羧基（—COOH）可与碱土金属离子络合，又因为 La^{3+} 的半径和化学性能与碱土金属离子相近，所以 La^{3+} 也与羧基络合。这种络合作用可以防止前驱体中可能出现的成分偏析，保证产物为均质、单相的钙钛矿型复合氧化物。

在低温自燃烧法合成过程中，燃烧火焰是影响粉末合成的重要因素，火焰温度的高低影响合成产物的化合形态和粒度，温度高则合成的粉料粒度较粗。燃烧反应温度与前驱体中的化学计量比有关，富燃料体系温度较高，贫燃料体系温度较低，甚至发生燃烧不完全或硝酸盐分解不完全的现象。当 G/M^{n+}（甘氨酸与金属离子之比）大于 0.6 时体系才有明显的燃烧反应发生。前驱体燃烧时释放大量的气体。气体的排出使燃烧产物呈蓬松的泡沫状并带走体系中大量的热，从而保证能够获得颗粒细小的粉料。因此，通过控制 G/M^{n+}、燃烧环境、化学组成等可以调节粉体的颗粒形态和晶体结构。

3. 变温电导率测试

不同的材料，它的导电性可能相差很大。如超导材料和绝缘材料就是两个典型例子。其间还有半导体和半绝缘体。根据载流子的不同可把导电材料分为离子导体（载流子为正、负离子或空位）和电子导体（载流子为电子、空穴）。欧姆定律则是研究和测量导电性能的基础。

电荷为 Q 的载流子在电场力的作用下，将做加速运动。由于晶体中存在原子热振动和缺陷的影响，这一运动很快达到一个极限速率，称为载流子漂移速度，用 V 表示。若单位时间里载流子全部通过截面面积为 S、长度为 L 的柱体，则电流密度为：

$$j = nQV \qquad (1)$$

式中，n 为晶体的载流子密度，若电荷的漂移速度同所受的作用力成正比，则

$$V = uE \qquad (2)$$

u 为单位电场下的载流子迁移率。由式（1）和式（2）可知：

$$j = nQuE$$

在一定温度下，对于给定的材料，通常 n、Q、u 为常数，则欧姆定律可写成：

$$j = \sigma E$$

这里 $\sigma = nQu$，表示材料的电导率，它由材料本身的特性所决定，而与其形状、大小无关。电导率的倒数 ρ 为电阻率，它也是衡量材料电导特性的重要参数。

$$\rho = \frac{RS}{L}$$

式中　ρ——材料的电阻率，$\Omega \cdot m^3$；

　　　R——材料的电阻，Ω；

　　　S——材料的横截面积，m^2；

　　　L——材料的长度，m。

电阻率的数值等于单位长度、单位横截面积的导体的电阻，而电导率等于电阻率的倒数。则

$$\sigma = \frac{L}{RS} = \frac{IL}{VS}$$

式中　σ——电导率，S/cm；

　　　R——电阻，Ω；

　　　I——电流，mA；

　　　V——电势差，mV；

　　　L——两探针的间距，cm；

　　　S——样品的截面积，cm^2。

4. 交流阻抗谱测试

交流阻抗谱分析对于确定材料的基本电化学参数、了解材料的结构特点和离子输运机制，都具有重要的意义。在离子导体（固体电解质）的研究中，交流阻抗谱分析得到了广泛的应用。混合导体材料中电子电导率常常远大于离子电导率，其电子导电性能直接影响该类材料交流阻抗的基本特征，因而混合导体材料中离子导电性能的研究一直比较困难。自 C. C. Chen 等人采用两端电子阻塞电极法研究 $La_{0.6}Sr_{0.4}Co_{0.2}Fe_{0.8}O_3$ 混合导体的离子导电性能以来，人们在混合导体材料的离子导电性能的研究方面取得了一些有意义的成果。两端电子阻塞电极法实质上就是在混合导体材料的两端加上电子阻塞电极（离子导体，如 YSZ、GCO 等）阻碍电子通过而分离出离子的交流阻抗特性。

交流阻抗谱法最基本的特点是把被研究对象的导电特性用一系列电阻及电容的串联和并联的等效电路来表示。其基本方法是把不同频率下测得的阻抗（Z'）和容抗（Z''）作复数平面图，与测量电池的等效电路模拟的复平面进行对比分析，从而求出样品和电极部分的相应

参数。

当对电池加上正弦波的电压微扰（$E_0 \sin \omega t$）时，所产生的电流 I 为：

$$I = I_0 \sin(\omega t + \theta)$$

式中　ω——角速度，$\omega = 2\pi f$；

　　　f——交流频率；

　　　t——时间；

　　　θ——电流对于电压的相位移。

则电池的阻抗可用复数表示：

$$Z = \frac{E_0 \sin \omega t}{I_0 \sin(\omega t + \theta)} = Z' + jZ''$$

式中　实数部分：$Z' = R$；

　　　虚数部分 $Z'' = \dfrac{1}{\omega C}$。

根据交变电路理论分析可知，当等效电路是由电阻 R 和电容 C 并联时，在阻抗谱中可以得到一条半圆曲线（见图1）。半圆顶点处满足关系式 $\omega RC = 1$。如果是不可逆电极，通常在阻抗谱的高频部分出现一条半圆曲线而在低频部分出现一条近似的直线，即出现恒相角阻抗（CPA），这条近似直线与电极/电解质界面的粗糙程度有关（见图2）。

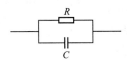

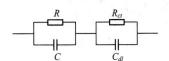

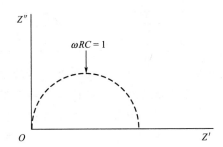

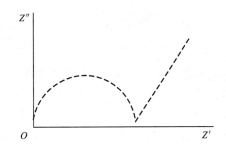

图1　等效电路及对应的阻抗谱图　　　　　图2　考虑电极界面的等效电路及对应阻抗谱图

5. 示差法测试热膨胀性能

对于普通材料，通常所说的膨胀系数是指线膨胀系数，其意义是温度升高1℃时单位长度上所增加的长度，单位为 cm/(cm·℃)。

假设物体原来的长度为 L_0，温度升高后长度的增加量为 ΔL，实验得出它们之间存在如下关系：

$$\frac{\Delta L}{L_0} = \alpha_1 \Delta T$$

式中　α_1——线膨胀系数，也就是温度每升高1℃时，物体的相对伸长量。

当物体的温度从 T_1 上升到 T_2 时，其体积也从 V_1 变化为 V_2，则该物体在 $T_1 \sim T_2$ 的温度范围内，温度每上升一个单位，单位体积物体的平均增长量为：

$$\beta = \frac{V_1 - V_2}{V_1(T_1 - T_2)}$$

式中 β——平均体膨胀系数。

从测试技术来说，测量体膨胀系数较为复杂。因此，在讨论材料的热膨胀系数时常常采用线膨胀系数：

$$\alpha = \frac{L_1 - L_2}{L_1(T_1 - T_2)}$$

式中 α——试样的平均线膨胀系数；

　　L_1——试样在温度为 T_1 时的长度；

　　L_2——试样在温度为 T_2 时的长度。

β 与 α 的关系是：

$$\beta = 3\alpha + 3\alpha^2 \cdot \Delta T^2 + \alpha^3 \cdot \Delta T^3$$

式中，第二项和第三项非常小，在实际中一般略去不计，而取 $\beta \approx 3\alpha$。

必须指出的是，由于膨胀系数实际上并不是一个恒定的值，而是随温度变化的，所以上述膨胀系数都是在一定温度范围 ΔT 内的平均值，因此使用时要注意它适用的温度范围。部分材料在 0～1000℃ 范围内的膨胀系数见表1。

表1　部分材料的膨胀系数（0～1000℃）

材料名称	线膨胀系数 /($10^{-6}K^{-1}$)	材料名称	线膨胀系数 /($10^{-6}K^{-1}$)	材料名称	线膨胀系数 /($10^{-6}K^{-1}$)
Al_2O_3	8.8	ZrO_2（稳定化）	10	硼硅玻璃	3
BeO	9.0	TiC	7.4	黏土耐火材	5.5
MgO	13.5	B_2C	4.5	刚玉瓷	5～5.5
莫来石	5.3	SiC	4.7	硬质瓷	6
尖晶石	7.6	石英玻璃	0.5	滑石瓷	7～9
氧化锆	4.2	钠钙硅玻璃	9.0	钛酸钡瓷	10

示差法是基于采用热稳定性良好的石英玻璃（棒和管）在较高温度下，其线膨胀系数随温度的改变很小的性质。当温度升高时，石英玻璃管、待测试样与石英玻璃棒都会发生膨胀，但是待测试样的膨胀比石英玻璃管上同样长度部分的膨胀要大，因而使得与待测试样相接触的石英玻璃棒发生移动，这个移动值是石英玻璃管、石英玻璃棒和待测试样三者同时伸长和部分抵消后在千分表上所显示的 ΔL 值，它包括试样、石英玻璃管和石英玻璃棒的热膨胀的差值、测定出这个系统的伸长值及加热前后的温度差，并根据已知的石英玻璃的膨胀系数，便可算出待测试样的热膨胀系数。

图3所示为石英膨胀仪的工作原理图，从图中可见，膨胀仪上千分表上的读数为：

$$\Delta L = \Delta L_1 - \Delta L_2$$

由此得到：

$$\Delta L_1 = \Delta L + \Delta L_2$$

根据定义，待测试样的线膨胀系数为：

$$\alpha = \frac{\Delta L + \Delta L_2}{L \cdot \Delta L} = \left(\frac{\Delta L}{L \cdot \Delta L}\right) + \left(\frac{\Delta L_2}{L \cdot \Delta T}\right)$$

其中：

$$\frac{\Delta L_2}{L \cdot \Delta T} = \alpha_{石}$$

所以：

$$\alpha = \alpha_{石} + \left(\frac{\Delta L}{L \cdot \Delta T} \right)$$

若温度差为 $T_2 - T_1$，则待测试样的平均线膨胀系数。可按下式计算：

$$\alpha = \alpha_{石} + \left(\frac{\Delta L}{L(T_2 - T_1)} \right)$$

式中　$\alpha_{石}$——石英玻璃的平均线膨胀系数（按下列温度范围取值）：

$5.7 \times 10^{-7} \text{℃}^{-1}$　　　　（0～300℃）；

$5.9 \times 10^{-7} \text{℃}^{-1}$　　　　（0～400℃）；

$5.8 \times 10^{-7} \text{℃}^{-1}$　　　　（0～1000℃）；

$5.97 \times 10^{-7} \text{℃}^{-1}$　　　（200～700℃）。

T_1——开始测定时的温度；

T_2——300℃（若需要，也可定为其他温度）；

ΔL——试样的伸长值（即对应于温度 T_2 与 T_1 时千分表读数的差值，mm）；

L——试样的原始长度，mm。

这样，将实验数据在直角坐标系上作出热膨胀曲线（见图 4），就可确定试样的线热膨胀系数，对于玻璃材料还可以得出其特征温度 T_g 与 T_f（玻璃材料的膨胀曲线如图 4 所示）。

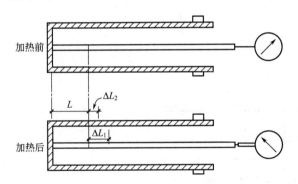

图 3　石英膨胀仪内部结构膨胀分析图

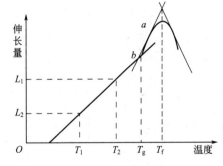

图 4　玻璃材料的膨胀曲线

三、实验设备和材料

1. 实验材料

实验材料为：甘氨酸、La(NO₃)₃·6H₂O、Sr(NO₃)₂、Fe(NO₃)₃·9H₂O、5%PVA 溶液（黏结剂）。实验材料的纯度、含量及生产厂家见表 2。

表 2　实验原料

原料	纯度	含量	生产厂家
La(NO₃)₃·6H₂O	AR	≥99.99%	博山吉利浮选剂厂
Sr(NO₃)₂	AR	≥99.5%	上海试剂二厂
Fe(NO₃)₃·9H₂O	AR	≥98.5%	上海化学试剂公司
甘氨酸	AR	≥99.5%	上海化学试剂公司

2. 仪器及设备

（1）自燃烧合成

① 电子天平（称量原料）。

② 电炉（自燃烧加热）。

③ 1000mL 烧杯及玻璃棒（自燃烧合成）。

④ 马弗炉（热处理）。

⑤ 研钵（研磨粉料）。

⑥ 坩埚（粉料的热处理和陶瓷坯体的烧结）。

⑦ 模具（成型坯体）。

⑧ 压力机（成型坯体）。

（2）变温电导率测试

① 砂纸（陶瓷样品加工）。

② 数字万用电表（电位差计）。

③ 恒流源（稳定输出电流）。

④ WTC2 型电阻炉及温控器（控制测试温度）。

⑤ 四电极装置（测试原理见图 5）。

⑥ 游标卡尺（测量试样的几何尺寸）。

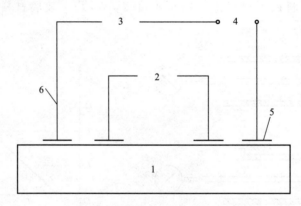

图 5　四探针法测试原理示意图

1—待测样品；2—电位差针；3—灵敏电流表；

4—低压电源；5—铂电极；6—铂线

（3）交流阻抗谱测试

① 砂纸（陶瓷样品加工）。

② TH2818 型自动元件分析仪（阻抗谱测量）。

③ 计算机（收集数据和处理数据）。

④ WTC2 型电阻护及温控器（控制测试温度）。

⑤ 游标卡尺（测量试样的几何尺寸）。

（4）示差法测试

① 小砂轮片（磨平试样端面）。

② 卡尺（测量试样长度）。

③ 秒表。

④ 石英膨胀仪（包括管式电炉、特制石英玻璃管、石英玻璃棒、千分表、热电偶、电

位差计、电流表、2kV×A调压器等）。

⑤ 仪器装置（见图6）。

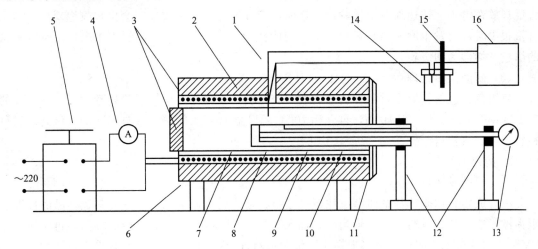

图 6 示差法测定材料膨胀系数的装置

1—测温电热偶；2—膨胀仪电炉；3—电热丝；4—电流表；5—调压器；

6—电炉铁壳；7—钢柱电炉芯；8—待测试样；9—石英棒；10—石英管；

11—遮热板；12—铁制支撑架；13—千分表；14—水；15—水银温度计；16—电位差计

四、实验步骤与方法

本实验采用低温自燃烧法制备 $La_{1-x}Sr_xFeO_3$ 体系材料，研究不同化学组成和合成与制备工艺参数对材料电子导电性能、离子导电性能和热膨胀性能的影响，具体实施过程如图7所示。

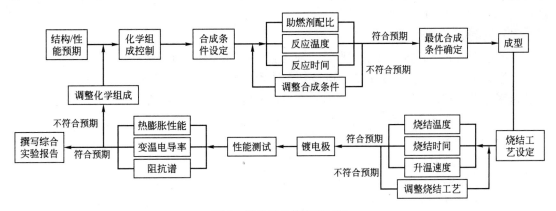

图 7 实验的具体实施过程

1.粉料的合成

（1）配料

按制备 $La_{1-x}Sr_xFeO_3$（$x=0$，0.2，0.4，0.6）所需的化学计量比称取适量 $La(NO_3)_3 \cdot 6H_2O$、$Sr(NO_3)_2$、$Fe(NO_3)_3 \cdot 9H_2O$ 置于1000mL烧杯中，加入去离子水溶解，用玻璃棒搅拌均匀后，按 G/M^{n+}（甘氨酸与金属离子摩尔比）$=2$ 称量甘氨酸倒入该烧杯中，注意加水量不要太多。

（2）燃烧反应

硝酸盐和甘氨酸完全溶解后，用不锈钢网将烧杯口罩住，以防燃烧后生成的粉尘飞扬。将烧杯放在电炉上快速加热至沸腾。当前驱体溶液浓缩到一定程度时会出现鼓泡现象，当水含量很少时即会发生剧烈的自燃烧反应，约能持续 30s，伴随有大量的气体产生，所得疏松的黑色产物即为初级粉料。

（3）研磨及热处理

将黑色初级粉料取出，稍加研磨后放入瓷坩埚，在马弗炉中进行热处理，以 300℃/h 的升温速率升到 300℃，保温 1h，再升到 700℃后保温 1h，关闭炉子，自然冷却后得到的黑色粉料即为合成粉料。

2. 陶瓷的制备

（1）研磨及造粒

将合成粉料用研钵仔细研磨，注意一定要将合成粉料研磨均匀，这对陶瓷样品的性能有很大的影响。待合成粉料研磨均匀后，加入适当的 PVA 溶液（每 10g 约 3 滴），再次研磨至 PVA 均匀分布于合成粉料中（根据实际情况可将加 PVA 的粉料放在红外灯下适当加热）。

（2）成型（条状和片状）

将粉料进行成型加工，成型压力为 60~80kN，脱模时要小心，压制出来的条状样品不能出现明显的裂纹。

（3）排胶

将压制的条状样品进行排胶处理，以 100℃/h 的升温速率升到 600℃后保温 2h，然后关闭炉子，自然冷却后取出条状样品。

（4）烧结

将经排胶处理的条状样品放入坩埚中（样品周围用填料埋住），并将坩埚放入马弗炉中进行烧结，以 300℃/h 的升温速率升到 1200℃，保温 4h，关闭炉子，自然冷却后得到的样品即为 $La_{1-x}Sr_xFeO_3$ 陶瓷。

（5）镀电极

将经过烧结的条状样品磨平、抛光，使互相平行的两个平面保持干净平整；然后在样品的表面涂覆 Ag 电极浆料，制成四个电极，在红外灯下烘干，置于马弗炉中，以 100℃/h 的升温速率升到 850℃，保温 15min 后随炉冷却，最后将涂覆的银电极表面抛光。

按照上述步骤制备的条状 $La_{1-x}Sr_xFeO_3$ 陶瓷样品即可用于性能方面的测试。

3. 变温电导率测试

（1）测量样品的几何尺寸

用游标卡尺测量待测样品的横截面积 S 和中间两探针电极间距 L，并记录下来。

（2）放置样品

开启恒流源和数字万用表，将待测样品置于四探针电极上，使待测样品与四探针电极间接触良好，然后将样品固定。

（3）设置测试温度制度

通过温度控制器设定样品的测试温度制度，即测试温度点、升温速度以及保温时间（测试温度范围为室温至 600℃，每 50℃记录一次数据，升温速度为 5℃/min，保温时间为 10min），并开启温控器调节测试温度。

（4）记录数据

在各测试温度点记录相应的电流和电势差值，并利用公式计算相应温度下样品的电导率。

（5）关闭仪器

测试完成后，关掉测试仪器，切断电源。

4. 交流阻抗谱测试

（1）测量样品的几何尺寸

用游标卡尺测量待测样品的横截面积 S 和厚度 h，并记录下来。

（2）放置样品

将待测样品置于两电极上，使待测样品与电极间接触良好，然后将样品固定。

（3）设置测试温度制度

通过温度控制器设定样品的测试温度制度，即测试温度点、升温速度以及保温时间（测试温度范围为 400～600℃，每 50℃ 记录一次数据，升温速度为 5℃/min，保温时间为 10min），并开启温控器调节测试温度。

（4）记录数据

开启计算机并打开 TH2818 软件，选择测量参数为 R-X 频率范围，在各测试温度点对 R 和 X 进行扫频，并存储数据。

（5）关闭仪器

测试完成后，关掉测试仪器，切断电源。

5. 示差法测试

（1）试样的准备

选择直径为 5～6mm、长为（60.0±0.1）mm 的待测样品；把试样两端磨平，用千分卡尺精确量出长度。

（2）放置样品

先把准备好的待测试样小心地装入石英玻璃管内，然后装进石英玻璃棒，使石英玻璃棒紧贴试样，在支架的另一端装上千分表，使千分表的顶杆轻轻顶压在石英玻璃棒的末端，把千分表转到零位。将卧式电炉沿滑轨移动，将管式电炉的炉芯套上石英玻璃管，使试样位于电炉中心位置（即热电偶端位置）。

（3）记录数据

合上电闸，接通电源，等电压稳定后，调节自耦调压器，以 3℃/min 的速度升温，每隔 2min 记录一次千分表的读数和电位差计的读数，直到千分表上的读数向后退为止。

（4）关闭仪器

测试完成后，关掉测试仪器，切断电源。

五、数据记录与处理

① 根据测试数据计算出被测样品在不同温度下的电导率。

② 绘出被测样品的电导率与温度的关系曲线。

③ 根据测试数据绘出被测样品在不同温度下的交流阻抗谱图。

④ 通过等效电路分析求出被测样品在不同温度下的氧离子电导率。

⑤ 根据原始数据绘出被测材料的线膨胀曲线，并计算被测材料的平均膨胀系数。

⑥ 从热膨胀曲线上确定其特征温度 T_g、T_f。

六、实验注意事项

① 原料溶解过程中水的量不宜太多，最好不要超过 100mL。

② 成型前的研磨过程一定要充分，否则会影响陶瓷的性能。

③ 在压制条状样品时要注意慢速加压和慢速减压，并保压 1min。压制成型后再反向加压一次。

④ 镀电极前条状样品需磨平、抛光，使其互相平行的两个平面保持平整。

⑤ Ag 电极浆料涂覆应均匀，不宜过厚。在银电极绕制过程中，升温速度不宜过快，宜保持在 100℃/h。

⑥ 在四探针法和交流阻抗谱测试过程中，放置测试样品时要仔细，避免弄断银电极和银引线。

⑦ 在四探针法和交流阻抗谱测试过程中，不能将电极与样品压得过紧，以免高温膨胀使样品断裂。

⑧ 在测试过程中，升温速度不宜过快（不大于 5℃/min），测试温度也不能过高（不大于 600℃）。

⑨ 被测样品和石英玻璃棒、千分表顶杆应先在炉外调整成平直相接，并保持在石英玻璃管的中轴区，以消除摩擦与偏斜影响造成的误差。

⑩ 热电偶的热端尽量靠近试样中部，但不应与被测试样接触。测试过程中不要触动仪器，也不要震动实验台。

七、思考题

① 低温自燃烧法有哪些优点？据你所知，有哪些化学合成方法可以合成超细粉料？

② 本实验中可能影响 $La_{1-x}Sr_xFeO_3$ 体系合成粉料形态的主要因素有哪些？

③ 分析 $La_{1-x}Sr_xFeO_3$ 体系材料随温度变化的电导率特征，并解释其变化的原因。

④ Sr^{2+} 含量对该类材料的电导率、氧离子电导率和热膨胀系数有什么影响？试从缺陷角度分析引起这些变化的原因。

⑤ 升温速度的快慢和保温时间的长短对电导率、氧离子电导率和热膨胀系数的测试结果有无影响？为什么？

⑥ 为什么要选用石英玻璃作为安装试样的托管？

实验 11　陶瓷的加工与电性能分析

一、实验目的

① 掌握介质陶瓷的制备工艺及技术。
② 了解介质陶瓷的极化目的与极化机理。
③ 了解介质陶瓷的各种性能测试原理，掌握其性能测试方法与技术。

二、实验基本原理

1. 压电材料概述

压电陶瓷是实现机械能（包括声能）与电能之间转换的重要功能材料，其应用已遍及人类日常生活及生产的各个角落。在电、磁、声、光、热、湿、气、力等功能转换器件中发挥着重要的作用，尤其在信息的检测、转换、处理和储存等信息技术领域占有极其重要的地位。

（1）压电效应与自发极化

压电效应（piezoelectric）是 J. Curie 和 P. Curie 兄弟于 1880 年在 α-石英晶体上首先发现的。铁电体（ferroelectrics）的发现相对要晚得多，直至 1920 年，Valasek 发现酒石酸钾钠（$NaKC_4H_4O_6 \cdot 4H_2O$）的极化可以在施加外电场的情况下反向。对于某些介电晶体（无对称中心的异极晶体），当其受到拉应力、压应力或切应力的作用时，除了产生相应的应变外，还在晶体中诱发出介电极化，导致晶体的两端表面出现符号相反的束缚电荷，其电荷密度与外力成正比。这种在没有外电场作用的情况下，因机械应力的作用而使电介质晶体产生极化并形成晶体表面电荷的现象称为压电效应。晶体的压电效应可用图 1 来加以解释。

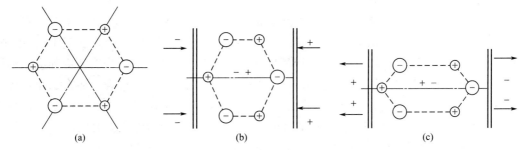

图 1　压电晶体产生压电效应的机理

图 1(a) 所示为压电晶体中的质点在某方向上的投影。当晶体不受外力作用时，其正、负电荷重心重合，整个晶体的总电矩为零，因而晶体表面不带电荷。但是当沿某一方向对晶体施加机械力时，晶体就会发生由于形变而导致的正、负电荷重心不重合，也就是电矩发生了变化，从而引起晶体表面的荷电现象。图 1（b）所示为晶体受到压缩时的荷电情况，

图 1(c)所示为晶体受到拉伸时的荷电情况。在这两种机械力作用的情况下，晶体表面带电的符号相反。压电效应是一种机电耦合效应，可将机械能转换为电能，这种效应称为正压电效应。1881 年，Lippmann G 根据热力学原理、能量守恒定律和电量守恒定律，预见到了逆压电效应的存在，即在压电晶体上施加电场时，晶体不仅要产生极化，还要产生应变和应力。几个月后此结论由居里兄弟证实，并给出了数值相等的石英晶体正、逆压电效应的压电常数。也就是说，如果将一块压电晶体置于外电场中，由于电场的作用，会引起晶体内部正、负电荷中心的位移，这一极化位移又会导致晶体发生形变，这就是逆压电效应。这两种效应统称为压电效应。具有压电效应的材料称为压电材料。1894 年，沃伊特（Voigt）指出，在 32 种点群的晶体中，仅有 20 种非中心对称点群的晶体可能具有压电效应，而每种点群晶体不为零的压电常数最多有 18 个。

压电效应反映了晶体弹性与介电性之间的耦合。体现力学量与电学量相互作用的系数，必定与相量的状态有关，如介电常数与力学状态有关，弹性常数与电学状态有关。从描述系统状态与热力学特征函数入手，分析各物理量之间的关系，建立压电方程组。根据其力学边界条件是自由还是夹持、电学边界条件是开路还是短路，可得到四类压电方程，由此可计算出一系列的力学、电学常数。

随压电晶体对称性的提高，独立的压电常数数目减少。压电陶瓷剩余极化方向是其特殊极性方向，与之垂直的平面是各向同性的。因此压电陶瓷的对称性可用 ∞mm 表示，剩余极化所在轴是无穷重旋转轴。对介电、压电和弹性常量的限制来说，无穷重旋转轴等效于六重旋转轴，所以压电陶瓷的介电、压电和弹性常量矩阵与 6mm（C_{6v}）晶体的相同。压电陶瓷中存在独立的非零介电常数 ε_{11} 和 ε_{33}，压电系数 d_{31}、d_{33} 和 d_{15}。

对于在整体上呈现自发极化的压电晶体，意味着在其正、负端分别有一层正的和负的束缚电荷。束缚电荷产生的电场在晶体内部与极化方向相反，称为退极化场（Depo-larization Field），使静电能升高。在受机械约束时，伴随着自发极化的应变还将使应变能增加。所以均匀极化的状态是不稳定的，晶体将分成若干个小区域，每个小区域内部电偶极子沿同一方向，但各个小区域中电偶极子方向不同，这些小区域称为电畴或畴（domain），畴的边界叫畴壁（domainwall），畴的出现使晶体的静电能和应变能降低，但畴壁的存在引入了畴壁能。总自由能取极小值的条件决定了电畴的稳定构型。

（2）PZT 二元系压电陶瓷材料

20 世纪 40 年代中期，美国、前苏联和日本各自独立地制备出了 $BaTiO_3$ 压电陶瓷，20 世纪 50 年代初期，Jaffe B 公布了锆钛酸铅二元系压电陶瓷（即 PZT）。自发现 PZT 以来，压电陶瓷得到了迅速的发展，在不少应用领域已取代了单晶压电材料，成为研究和应用都极为广泛的新型电子陶瓷材料。如果把 $BaTiO_3$ 作为单元系压电陶瓷的代表，那么二元系压电陶瓷的代表就是 PZT。正因为 PZT 具有良好的压电性，它一出现就在压电应用方面逐步取代了 $BaTiO_3$ 的地位，它使获得许多在 $BaTiO_3$ 时代不能制作的器件成为可能，并派生出一系列新的压电陶瓷材料，同时各种三元系、四元系压电陶瓷陆续出现。

PZT 压电陶瓷的晶体结构为钙钛矿型 ABO_3 结构（见图 2），高温下为各向同性的中心对称结构，为稳定的立方顺电相，常温下为稳定的四方铁电相。由于陶瓷的各向同性，因此必须通过极化使电畴沿某一方向取向才具有压电性。极化过程中由于晶格畸变使正、负离子沿外加电场位移，导致电偶极子沿外电场方向重新排列，撤去电场后，PZT 陶瓷仍具有沿电场方向的剩余极化，表现为单轴各向异性。图 3 所示为在 PZT 陶瓷的 B 位引入不等价离子（如 D^{3+}）后立方顺电相与四方铁电相的晶体结构。从图中可以看出，在铁电相中由于有极性的四方对称性使缺陷周围的四个氧不等价，点缺陷的短程有序分布趋向于晶体平衡状态时的对称性，是无中心对称的，形成一个沿极化方向 P_S 的缺陷偶极力矩 P_D。点缺陷的对称一致性及缺陷偶极力矩可使 PZT 在低电场下产生一个大的非线性应变，有利于压电性能的提高。

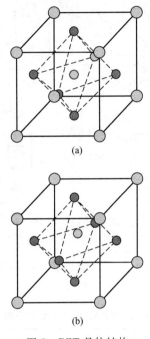

图 2 PZT 晶体结构

PZT 陶瓷具有居里点高，机电耦合系数 K_p 和机械品质因数 Q_m 大、温度稳定性和耐久性好、形状可以任意选择，便于大量生产等特点，而且可以通过改变成分使其在较宽的范围内调整性能，以满足不同的需要。因此自它问世以后，很快成为了应用最为广泛的压电材料。目前，美国主要使用维尼特隆（Vernitron）公司生产的 PZT-4 和 PZT-8 两种二元系 PZT 硬性压电陶瓷，其性能见表 1。

（3）三元系及多元系 PZT 基压电陶瓷材料

20 世纪 60 年代，为了寻求新的高性能压电陶瓷材料以适应不同的应用场合，人们以 $Pb(Zr_x Ti_{1-x})O_3$ 为基础进行掺杂改性处理，在 PZT 陶瓷的基础上引入第三、第四组元合成三元系和四元系压电陶瓷材料，由于将二元系 PZT 的三方、四方相界点扩展为线或面，因而得到比 PZT 更为优异的压电陶瓷材料组成。1965 年，日本松下电气公司首先开发了 PCM 压电陶瓷系列：PCM-5 压电陶瓷 $[Pb(Mg_{1/3} Nb_{2/3})_A Ti_B Zr_C O_3]$、PCM-80 压电陶瓷 $[Pb(Zn_{1/3} Nb_{2/3})_A (Sn_{1/3} Nb_{2/3})_B Ti_C Zr_D O_3 + MnO_2]$ 和 PCM-88 压电陶瓷 $[Pb_x Sr_y (Zn_{1/3} Nb_{2/3})_A (Sn_{1/3} Nb_{2/3})_B Ti_C Zr_D O_3 + MnO_2]$ 其中，$x + y = 1$，$A + B + C + D = 1$，其性能比 PZT 更优越，见表 1。随后，日本三洋电机公司又开发了 SPM 压电陶瓷 $Pb(Co_{1/3} Nb_{2/3} O_3)$-$PbZrO_3$-$PbTiO_3$ 系列等，使得压电材料广泛地应用于各种类型的水声、超声、电声换能器和基于压电等效电路的振荡、滤波器和传波器。近年来，随着水声通信技术的发展，高性能压电陶瓷成为了水声换能器中重要的发射与接收材料，在 PZT 陶瓷的基础上通过组

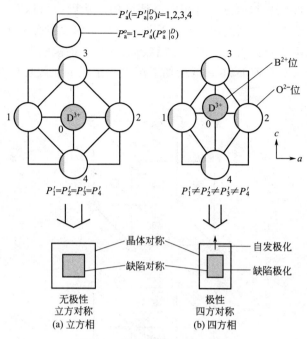

图 3　含点缺陷 PZT 晶体结构

元取代和元素掺杂制备具有高压电、介电性能及低损耗的多元系陶瓷，具有广阔的理论研究和实际应用价值。

表 1　维尼特隆（Vernitron）公司生产的 PZT-4、PZT-8 和松下电气公司生产的 PCM 陶瓷材料的性能

项目		PZT-4	PZT-8	PCM-5	PCM-80	PCM-88
相对介电常数	$\varepsilon_{33}^{T}/\varepsilon_0$	1300	1000	1950	1200	1950
	$\varepsilon_{11}^{T}/\varepsilon_0$	1475	1290			
机电耦合系数	K_P	0.58	0.51	0.65	0.58	0.56
	K_{31}	0.33	0.30	0.38	0.35	0.32
	K_{33}	0.70	0.64	0.7	0.69	0.69
	K_{15}	0.71	0.55			
压电常数	$d_{32}(\mathrm{pC/N})$	−122	−97	−186	−122	−150
	$d_{33}(\mathrm{pC/N})$	285	225	423	273	351
密度 $\rho/(\mathrm{g/cm^3})$		7.6	7.6			
机械品质因数 Q_m		500	1000	70	2000	610
居里点 $T_c/\mathrm{℃}$		328	300	325	283	266

从表 1 中可以看出，日本松下电气公司生产的 PCM 系列压电陶瓷的性能调节范围要明显大于美国维尼特隆公司生产的 PZT-4 和 PZT-8 二元系压电陶瓷。与单晶相比，压电陶瓷可利用陶瓷工艺制成，具有以下不可比拟的优点：

① 制备工艺简单易行；

② 非水溶性，物理、化学特性稳定；

③ 形状可塑性好，可按不同需要选择适当的极化轴；

④ 通过调节其组成可使其特性按使用目的不同而变化、改善等。

（4）压电材料的应用

压电陶瓷作为一种新型的功能板料，以其独特的性能得到了广泛的应用。一般来说，压电陶瓷的应用可以分为压电振子和压电换能器两大类。前者主要是利用振子本身的谐振特性，要求介电、压电、弹性等性能稳定，机械品质因数高，后者主要是直接利用正、逆压电效应进行能量的转换，要求机械品质因数和机电耦合系数高。当然对任何具体的应用，都应同时兼顾所使用的压电陶瓷的机械性能、介电性能、铁电性能以及热性能等各种材料特性，经济合理地使用材料。压电陶瓷可广泛应用于电源、信号源、信号转换、信号发射与接收、信号处理、传感、计测、存储与显示等方面。其应用包括以下几个方面。

① 水声技术中的应用-水声换能器　　由于电磁波在水中传播时衰减大，雷达和无线电设备无法有效完成观察、通信和探测任务，而借助声波在水中的传播可达到上述目的。水声换能器可利用压电陶瓷正、逆压电效应发射、接收声波，完成水下观察、通信、探测工作。用压电陶瓷制成的水听器接收灵敏度已达到比人耳还灵敏得多的水平。目前，水声换能器已应用于海洋地质调查、海洋地貌探测、编制海图、航道疏通及港务工程、海底电缆及管道敷设工程、导航、海事救捞工程、指导海业生产（鱼群探测）以及海底和水中目标物探测与识别等方面。现代化军舰和远洋航船上早就装备了这种称为"声呐"的现代化电子设备。

② 超声技术中的应用-超声波探测　　其主要有医疗诊断技术，如超声心动仪、超声波液面计、车辆计数器、电视机遥控器等。

③ 高压发生装置上的应用　　其主要有各种高压发生器如压电点火器、煤气灶点火器、打火机和电源等。此外还有用于小功率仪表上的压电变压器等。

④ 滤波器上的应用　　其主要包括各种电子设备中的谐振器、滤波器。

⑤ 电声设备上的应用　　其主要是各种电声器件如拾音器、校表仪等。

⑥ 其他方面的应用　　除上述应用外，压电陶瓷还广泛应用于其他领域中，包括各种检测仪表和控制系统中的传感器（如压电陀螺）以及对讲计算机、对讲钟表、对讲自动售货机、电子翻译机、高保真立体音频系统、高功率手提音频装置等的压电厚膜声合成器件等。

2. 介电陶瓷的掺杂改性

PZT 改性可分为两个方面：一方面是 PZT 本身 Zr/Ti 比的调整；另一方面是在 PZT 中微量掺杂。二者都是通过调整其组成而达到改进性能的目的的。根据掺杂对 PZT 性能的影响可将掺杂物大致分为三类。

第一类掺杂物是高价离子起主要作用的施主添加物，如 La_2O_3、Nd_2O_3、Nb_2O_5、Ta_2O_5、Bi_2O_3、Sb_2O_3、ThO_2、WO_3 等。这些添加物中的 Nb^{5+}、La^{3+}、W^{6+}、Bi^{3+} 等进入 PZT 固溶体晶格中分别置换 Pb^{2+} 或 $(Zr，Ti)^{4+}$。由于施主添加物中这些离子带有较多正电荷，根据电价平衡原理，将在晶格中形成一定量的正离子缺位（主要是 A 位），由此导致晶格内畴壁容易移动，结果使矫顽场降低。同时又因为 PZT 是 P 型导电，即"空穴"为载流子，Nb^{5+} 这种施主杂质的添加补偿了 P 型载流子，从而使电阻率提高 $10^2 \sim 10^3$ 倍。由于第一类添加物使陶瓷容易极化，因而相应提高了其压电性能，而且使其极化过程中产生的内部应变在极化后迅速消散，从而减小时间变化。但是空位的存在增大了陶瓷内部的弹性波衰减，引起机械品质因素 Q_m 和电气品质因数 Q_e 的降低，因而具有第一类添加物的 $Pb(Zr，Ti)O_3$ 压电陶瓷常称为"软性"压电陶瓷。其性能变化如下：介电常数增大，介电损耗增大，弹性柔顺系数增加，机械品质因数 Q_m 和电气品质因数 Q_e 降低，矫顽场降低并显现矩形电滞回线，体电阻率大幅增加，材料老化减弱。

第二类掺杂物是低价离子起主要作用的受主添加物，如 Cr_2O_3、Fe_2O_3、CoO、MnO_2 等。这些添加物的作用与高价离子施主添加物的作用相反，受主置换后形成负离子（氧空位）缺位。当 PZT 晶格中存在氧缺位时，晶胞收缩，抑制畴壁运动，降低离子扩散速度，而且矫顽场增加，从而使极化变得困难，压电性能降低。因此，有这类添加物存在的 Pb（Zr，Ti）O_3 压电陶瓷称为"硬性"压电陶瓷。其性能变化如下：介电常数减小，介电损耗减小，弹性柔顺系数变小，机械品质因数 Q_m 和电气品质因数 Q_e 增加，矫顽场增加并使极化变难。"硬性"添加物还有一个明显的作用，就是在烧成时阻止晶粒长大。因为"硬性"添加物在 PZT 中的固溶量很小，它一部分进入固溶体中，剩余的部分聚集在晶界，使得晶粒长大受阻。这样可以使气孔有可能沿晶界充分排除，从而得到较高的致密度。

第三类掺杂物是化合价变化的离子添加物，这类添加物是以含 Cr 和 U 等离子为代表的氧化物，如 Cr_2O_3、U_2O_3 等。它们在 Pb（Zr，Ti）O_3 固熔体晶格中显现了一种以上的化合价，因此能部分起到产生 A 缺位的施主杂质的作用，部分起到产生氧缺位的受主杂质的作用，它们本身似乎能在两者作用之间自动补偿，并使材料性能发生如下变化：老化速率降低，体电阻率稍有降低，Q_m 和 Q_e 稍有下降，介电损耗稍有上升，温度稳定性得到较大改善。

钙钛矿是地球上含量最多的矿物，许多具有钙钛矿结构的人造晶体（包括多晶陶瓷）能自发极化并在外电场作用下沿外电场方向重新定向，因而是铁电体或压电体，并已被广泛应用于电子技术、光学技术等领域。典型的钙钛矿结构化合物的化学式是 ABO_3，A 离子的半径总是比 B 离子的大，A 离子位于立方相的 8 个角点上，而 B 离子则位于体心或面心立方体的 8 个角点上，O 离子位于 6 个面心或 12 个棱上。从热力学角度看，钙钛矿结构的稳定性取决于以下两个因素。

① 阳离子半径应在适当的范围内，可由容度因子用 t 来描述：

$$t = \frac{r_A + r_O}{2\sqrt{r_B + r_O}}$$

式中，r_A、r_B、r_O 为 A、B 和 O 位的平均离子半径、对于 A 位离子配位数为 12 的钙钛矿结构来说，$0.88 \leqslant t \leqslant 1.09$。

② 阳离子与阴离子之间要形成很强的离子键，根据 Pauling 公式，平均电负性差可决定阴、阳离子之间的离子性：

$$\Delta x = \frac{x_{A-O} + x_{B-O}}{2}$$

式中，x_{A-O}、x_{B-O} 为 A、B 离子与 O 离子的电负性差。

Halliyal 等人对一系列钙钛矿结构化合物的容度因子和电负性进行了统计计算，发现铅系钙钛矿结构化合物的电负性和容度因子普遍比以钡、锶为基本组成的钙钛矿结构化合物的小。从热力学角度来看，铅系 ABO_3 化合物较难形成稳定的钙钛矿结构，因而难以合成单一的钙钛矿相。Jang 等人从动力学角度出发，归纳了铅系复合钙钛矿结构化合物合成过程中几个形成焦绿石相的主要原因：

a. 部分氧化物反应活性差；

b. 组分分布不均匀；

c. PbO 易挥发。

最近有研究认为，$Pb(B_1B_2)O_3$ 中 B 位离子 1：1 有序微区的存在可能是焦绿石相容易出现的一个原因。焦绿石相的存在将严重恶化弛豫铁电体的介电性能，因而如何合成出纯钙钛矿相的弛豫铁电体材料，就成了制备高性能弛豫铁电材料的关键所在。研究表明，适当的热处理有助于减少甚至消除焦绿石相，达到改善材料性能的目的。

3. 电介质的极化

在电介质材料中，起主要作用的是被束缚的电荷，在电场作用下，正、负电荷可以逆向移动，但它们并不能挣脱彼此的束缚而形成电流，只能产生微观尺度的相对位移，这种现象称为极化。

从微观机制上分析，电介质的极化可以由三种方式产生，即电子位移极化、离子位移极化和极性分子的取向极化，极化的结果均导致介质中产生电偶极子。

电子位移极化是指电介质在外电场作用下，构成它的原子、离子中的电子云发生畸变，使电子云与原子核发生相对位移，因而产生了电偶极矩 $\mu_e = \alpha_e E$，$\alpha_e = 4\pi\varepsilon_0 R^3$，极化率一般为 $10^{-40} F \cdot m^2$ 数量级。电子的位移极化表示由于外电场的影响，电子将有一定的概率吸收能量并在相应的能级之间跃迁，主要来自于价电子。通常负离子的电子位移极化远大于正离子，过渡金属元素由于 3d 电子的存在也会产生较大的电子位移极化。因此选取半径较大、价电子数较多的金属元素进行 A、B 位取代或在大电场作用下均可得到较大的电子位移极化。

离子位移极化是指在外电场作用下，电介质中的正、负离子产生了相对位移，从而电介质产生了宏观电偶极矩，由于正、负离子之间的相互作用，使他们围绕质点谐振，极化率一般为 $10^{-38} F \cdot m^2$ 数量级，因此可以通过计算正、负离子之间的相互作用来推算体系的离子位移极化。

$$\alpha_a = \frac{e^2(m_1 + m_2)}{m_1 m_2 \omega^2}$$

固有电偶极矩的取向极化是指若干组成电介质的分子是极性分子，由于其正、负电荷中心不重合而产生的固有的电偶极矩，在外电场作用下，由于正、负电荷受电场力作用，取向无序的电偶极矩有指向外电场方向的趋势，$\alpha_d = \dfrac{\mu^2}{3kT}$，极化率一般为 $10^{-38} F \cdot m^2$ 数量级。

分子的总极化率可以认为是各种机制极化率的 $\alpha = \alpha_e + \alpha_a + \alpha_d$ 总和。对于单位体积分子数为 N 的体系，存在如下关系：

$$\frac{\varepsilon_r - 1}{\varepsilon_r + 2} = \frac{N\alpha}{3\varepsilon_0}$$

4. 准静态法测试压电常数 d_{33}

压电常数是压电陶瓷最重要的物理参数，它取决于不同的力学和电学边界约束条件。压电常数有四种不同的表达方式，其中用得最广泛的是压电常数 d。压电效应是一种线性的机电耦合效应，压电常数是由一个力学的二阶对称量和一个电学的一阶张量联系在一起的，因此是一个三阶张量，共有 $3^3 = 27$ 个分组。但是由于力学张量的对称性，其中只有 18 个是独立的，因此可以用矩阵方式来表示。压电陶瓷由于其对称性，18 个压电常数分量中只有 5 个非零分量，其中只有 3 个是独立分量：d_{31}（$d_{31} = d_{32}$）、d_{33} 和 d_{15}（$d_{15} = d_{24}$）。压电常数除与材料本身的性质有关外，通常还与压电陶瓷进行极化处理的条件有关。

设样品的静态电容为 C，由于充有电荷 Q，因而在样品两极产生电压 $V = \dfrac{Q}{C}$，故 $d_{33} =$

$$\frac{Q}{F_3} = \frac{CV}{F_3}。$$

ZJ-3A 型 d_{33} 准静态测试仪的测量原理：将一个低频（几赫兹到几百赫兹）振动的应力同时施加到待测的压电样品和已知压电系数的标准样品上，将两个样品的压电电荷分别收集并作比较，经过电路处理，使待测样品的 d_{33} 值直接由数字管显示出来，同时表示出样品的极性。

5. 电滞回线的测试

晶体在整体上呈现自发极化，这意味着在其正、负端分别有一层正的和负的束缚电荷。束缚电荷产生的电场在晶体内部与极化反向使静电能升高。晶体在受机械约束时，伴随着自发极化的应变还将使应变能增加。所以均匀极化的状态是不稳定的，晶体将分成若干个小区域，每个小区域内部电偶极子沿同一方向，但各个小区域中电偶极子方向不同，这些小区域称为电畴或畴，畴的间界称为畴壁，畴的出现使晶体的静电能和应变能降低，但畴壁的存在引入了畴壁能。总自由能取极小值的条件决定了电畴的稳定构型。

铁电体的极化随电场的变化而变化，但电场较强时，极化与电场之间呈非线性关系。在电场作用下，新畴成核长大，畴壁移动，导致极化转向，当电场很弱时，极化线性地依赖于电场（见图 4），此时可逆的畴壁移动占主导地位。当电场增强时，新畴成核，畴壁运动成为不可逆的，极化随电场的增强比线性段快。当电场达到相应于 B 点的值时，晶体成为单个的电畴，极化趋于饱和。当电场进一步增强时，由于感应极化的增加，总极化仍然有所增大（BC 段）。如果趋于饱和后电场减小，极化将循 CBD 曲线减小，以致当电场达到零时，晶体仍保留在宏观极化状态。线段 OD 表示的极化称为剩余极化 P_r（remanent polarization）。将线段 CB 外推到与极化轴相交于 E，则线段 OE 为自发极化 P_s。如果电场反向，极化将随之降低并改变方向，直到电场等于某一值时，极化又将趋于饱和，这一过程如曲线 DFG 所示。OF 所代表的电场是使极化等于零的电场，称为矫顽场 E_c（coercive field）。电场在正、负饱和值之间循环一周时，极化与电场的关系如曲线 $CBDFGHC$ 所示。此曲线称为（饱和）电滞回线（hysteresis loop）。

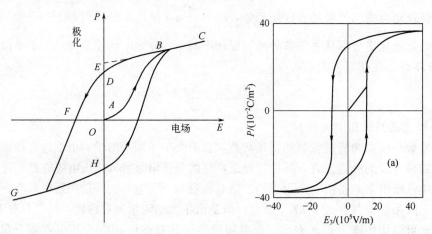

图 4　铁电体的电滞回线

当外加电场除去后仍存在极化，而且其自发极化方向可随外电场方向的不同而反转时，这类材料称为"铁电体"。铁电体的极化强度与电场强度 E 的关系类似于铁成材料的磁化特性，称为电滞现象。如图 4 所示，电场强度不断增大，最后使晶体成为单个的电畴，晶体的极化强度达到饱和，即 C 点以后的恒定值 P_s 称为饱和极化强度。实际上，P_s 的大小就是每个电畴所固有的自发极化强度，因而是针对每个电畴而言的，如果电场从 C 状态降低，晶体的极化强度也随之减小，直到零电场时仍存在剩余极化强度 P_r，这个剩余极化强度 P_r 是针对整个晶体而言的。如加以反向电场使其强度达到 E_c，剩余极化才全部消除。反向电场继续增大，极化强度开始反向，最终也将达到反向饱和，E_c 被称为矫顽场强。显而易见，如果矫顽场强大于晶体的击穿场强，那么在电畴极化到反向之前晶体已被击穿，这种晶体便不存在铁电性。

6. 居里温度测试

晶体的铁电性通常只存在于一定的温度范围内，铁电相具有自发极化，随着温度的升高自发极化减弱，当达到某一临界温度 T_c 时自发极化消失，铁电体（ferroelectric）变为顺电体（paraelectric）。铁电体与顺电体之间的转变通常简称为铁电相变，这个转变温度 T_c 称为居里温度。

热力学描写相变的方法主要是选择系统的特征函数，假定特征函数对极化的依赖关系，寻找使特征函数取极小值的极化和相应的温度。使极化为零的温度即为相变温度，相变时两相的特征函数相等，如果一级倒数连续，二级倒数不连续，则相变是二级的。因为极化是所选特征函数的一级倒数，所以二级相变时极化连续。由零变化到无穷小的非零值或者相反，一级相交时极化不连续，降温和升温过程中分别从零跃变到有限值或反之。在相变温度 T_c 下，电容率反常。当 $T > T_c$ 时，沿铁电相自发极化方向的低频相对电容率 $\varepsilon_r(0)$（通常指 1kHz 时的电容率，也称静态电容率）与温度的关系为：

$$\varepsilon_r(0) = \varepsilon_r(\infty) + \frac{C}{T - T_0} \tag{1}$$

式中 C——居里常量；

T_0——居里-外斯温度。

对于二级相变铁电体，$T_0 = T_c$；对于一级相变铁电体，$T_0 < T_c$，低频相对电容率 $\varepsilon_r(\infty)$ 通常比 $\varepsilon_r(0)$ 小得多，且与温度基本无关，通常可以忽略，于是：

$$\varepsilon_r(0) = \frac{C}{T - T_0} \tag{2}$$

式（1）和式（2）表示的关系称为居里-外斯定律。根据居里-外斯定律，在相变温度附近，低频相对电容率 $\varepsilon_r(0)$ 呈现极大值。在铁电相变温度上下较窄的温度范围内，静态电容率的因数与温度呈直线关系（居里-外斯定律）。不管是一级相变还是二级相变，$\varepsilon_r(0)$ 极大值出现的温度均相应于居里温度 T_c，将相变温度以上 $\varepsilon_r(0)$ 的倒数对 T 的直线外推得出居里-外斯温度 T_0。$\Delta T = T_c - T_0$ 是相变级别的一个重要标志，$\Delta T = 0$ 表示相变是二级的，$\Delta T \ne 0$ 表示相变是一级的。如图 5 和图 6 所示。

很多成分较复杂的铁电体呈弥散性铁电相变。该相变的特点是：

① 相变不是发生于一个温度点，而是发生于一个湿度范围，因而电容率温度特性不显示尖锐的峰；

② 电容率呈现极大值的温度随测量频率的升高而升高；

③ 电容率虚部呈现峰值的温度低于实部呈现峰值的温度位差别就越大；

④ 电容率与温度的关系不符合居里-外斯定律，可表示为

$$\frac{1}{\varepsilon_r} \infty (T - T_m)^\alpha \tag{3}$$

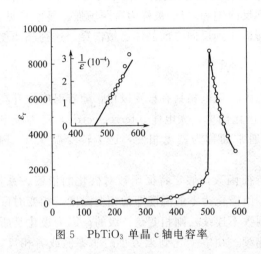

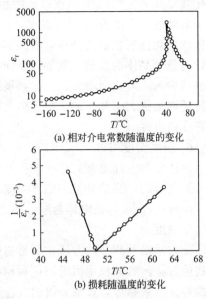

(a) 相对介电常数随温度的变化

(b) 损耗随温度的变化

图 5　PbTiO₃ 单晶 c 轴电容率　　　　　图 6　TGS 单晶 b 轴电容率随温度的变化

式中　α——弥散性指数，$1 \leqslant \alpha \leqslant 2$，衡量了相变弥散的程度；

T_m——电容率实部呈现峰值的温度（见图 7）。

7. 介质材料的损耗频率曲线测试

介质损耗是包括压电陶瓷在内的任何电介质的重要品质指标之一。在交变电场下，电介质所积留的电荷有两种分量：一种为有功部分（同相），是由电导过程所引起的，另一种为无功部分（异相），是由介质弛豫过程所引起的。介质损耗是异相分量与同相分量的比值。如图 8 所示，I_c 为同相分量，I_R 为异相分量。I_c 与总电流 I 的夹角为 δ，其正切值为：

$$\tan\delta = \frac{I_R}{I_C} = \frac{1}{\omega CR} \tag{4}$$

式中　ω——变电场的角频率；

R——损耗电阻；

C——介质电容。

由式（4）可知，I_R 最大时 $\tan\delta$ 也大，I_R 小时 $\tan\delta$ 也小，通常用 $\tan\delta$ 表示电介质的介质损耗，称为介质损耗角正切值或损耗因子。

处于静电场中的介质损耗，来源于介质中的电导过程。处于交变电场中的介质损耗，来源于电导过程和极化弛豫过程。对于铁电体、压电体来说，常温下电导损耗都很小，主要是极化弛豫所引起的介质损耗。此外，铁电和压电陶瓷的介质损耗，还与畴壁的运动过程有关，但情况比较复杂。

8. 介质材料的阻抗频率曲线测试

阻抗为 $Z = R + jX = |Z| < \theta$，其中 R 为阻抗实部，X 为阻抗虚部，$X = 2\pi fL$，阻抗的模 $|Z| = \sqrt{R^2 + X^2}$，阻抗的幅角为电压和电流间的相位差 $\theta = \arctan\left(\dfrac{|X|}{R}\right)$，复阻抗的倒数称为复导纳，$Y = 1/Z$。

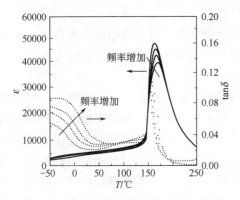

图 7　0.90PZN-0.1PT 单晶的介电常数

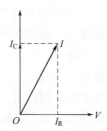

图 8　交流电路中电流电压矢量图
（有损耗时，介电损耗 $\tan\delta$ 与温度 T 的关系）

正弦交流电路具有以下基本性质：

① 纯电阻的阻抗为 R，纯电容 C 的阻抗为 $\dfrac{1}{i\omega C}$，纯电感的阻抗为 $i\omega L$；

② 元件串联组合时，总阻抗为各部分阻抗的复数和；

③ 元件并联组合时，总导纳为各部分导纳的复数和。

交流阻抗法是常用的一种电化学测试技术，该方法具有频率范围广、对体系扰动小的特点，是研究电极过程动力学、电极表面现象以及测定团体电解质的重要手段。其基本特点是把被研究对象用一系列电阻和电容的串联及并联的等效电路来表示，在直流极化的基础上叠加各种不同频率的小振幅交流电压信号，再根据其复值响应来分析被研究对象的特性。每个测量的频率点的原始数据中，都包含施加信号电压（或电流）对测得的信号电流（或电压）的相位移及阻抗的幅模值。从这些数据中可以计算出化学响应的实部与虚部，同时还可以计算出导纳和电容的实部与虚部。它主要用于电解质溶液电导、电极-溶液界面双电层电容的测量，可以获得界面状态、电解质的动态性质和电极过程动力学的全面信息。

当电流通过电极时，在电极上发生四个基本的电极过程：电化学反应、反应物和产物的扩散、溶液中离子的电迁移、电极界面双电层的充放电。这些过程都会对电流产生一定的阻抗；电化学反应表现为电化学反应电阻及 R_r，性质为一纯电阻；反应物和产物的扩散表现为浓度极化阻抗 Z_c，内电阻和电容串联而成；离子在溶液中的电迁移表现为电阻 R_c，双电层无放电表现为电容 C_d。采用控制电极交流电位或电流按小幅度正弦规律变化，然后测量电极的交流阻抗，进而计算电极过程动力学参数。实验时可根据实验条件的不同把电解池简化为不同的等效电路。所谓电解池的等效电路，就是由电阻和电容组成的电路，在这个电路上加上与电解池相同的交流电压信号，通过此电路的交流电流与通过电解池的交流电流具有完全相同的振幅和相位角。

阻抗谱可以用多种形式表示，每种方式都有典型的特征。根据实验的需要和具体的体系，可以选择不同的图谱进行数据解析。阻抗谱中涉及的参数有阻抗辐模、阻抗实部、阻抗虚部、相位移、频率等变量。下面介绍两种最常用的阻抗谱形式。

（1）Nyquist 图

电极的交流阻抗由实部 Z' 和虚部 Z'' 组成。

$Z = Z' + Z''$，以虚部 Z'' 对实部 Z' 作图。对纯电阻，表现为 Z' 轴上的一点，该点到原点的距离为电阻值的大小；对于纯电容，表现为与 Z'' 轴重合的一条直线。

（2）Bode 图

用阻抗幅模的对数和相角对相同的横坐标频率的对数作图。对于纯电阻，表现为一条水平直线，相角为 0°，且不随测量频率变化；对于纯电容，表现为斜率为－1 的直线。

9. 介质材料的介电频率谱测试

由于各种极化机制随外电场变化的速度不同，因此可以通过研究介电频率谱来研究材料中存在的极化机制。当频率较低时，三种极化机制均起作用，随外电场频率增大，固有电偶极短的取向迟缓而不能跟上电场的变化，当频率继续增大时，离子的位移也不能跟上电场的变化，此时电子位移极化起主要作用。可以通过测试介质材料的介电常数随频率的变化，得到介质材料中存在的极化机制。介电频率谱是介质材料性能表征的重要指标，它可以给出有关极化机制和品格振动等重要信息。由响应频率可以确定原子（离子）之间、原子与电子之间的相互作用（弹性恢复力）以及弛豫型极化的弛豫时间等。

三、实验设备和材料

1. 实验药品

Pb_3O_4、TiO_2、ZrO_2、Nb_2O_5 掺杂改性氧化物（MnO_2、CeO_2）等。

2. 实验仪器及设备

（1）介电陶瓷制备

电子天平（称量原料）、球磨罐（4 个，装料用）、行星球磨机（球磨）、马弗炉（预烧、排胶、烧结、烧银）、研钵（研密粉料）、坩埚（粉料的热处理和陶瓷粉体的烧结）、模具（成型坯体）、压力机（成型坯体）、丝网印刷机（刷银）。

（2）介电陶瓷的极化

砂纸（陶瓷样品加工）、2671 万能击穿装置（极化陶瓷样品）、油浴（提高极化温度和改变极化环境）。

（3）准静态法测试压电常数 d_{33}

准静态 d_{33} 测试仪。

（4）电滞回线测试

铁电材料电滞回线测试仪。

（5）居里温度测试（测试设备见图 9）

精密控制高温炉（测量温度变化）、TH28161LRC 电桥或 HP4294 阻抗分析仪。

（6）损耗频率曲线、阻抗频率、介电频率测试

HP4294 或 HP4291B 阻抗分析仪。

（a）居里温度测试设备

（b）HP4291 阻抗分析仪

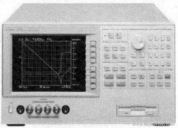
（c）HP4294A 精密阻抗分析仪

图 9　性能测试设备

四、实验步骤与方法

1. 介电陶瓷的制备

介质陶瓷的制备包括配料计算、球磨、成型和烧结等固相法制备陶瓷的所有工艺过程。本实验采用预合成的 PZT-5（PZT 掺 Nb）添加不同质量分数（0，0.1%，0.2%，0.3%，0.4%）的 MnO_2、Sb_2O_3、Y_2O_3、CeO_2 进行改性（各组进行自选），研究不同种类和含量的掺杂物对 PZT-5 制备工艺、结构与性能的影响。本实验的烧成制度为：以 300℃/h 的速率由室温升至 950℃后保温 2h，然后仍以 300℃/h 的速率升温至 1240～1280℃后保温 2h。

在陶瓷的预合成、成型、烧结、被银和极化等过程中，伴随着一系列的物理、化学和物理化学变化，制备工艺条件对材料的化学组成、相组成和显微结构等产生重要影响，稳定、合理的工艺参数是保证材料获得优良性能的重要前提。因此需要从原料粉体的预合成、陶瓷的烧成和极化工艺条件等方面研究工艺参数对陶瓷结构和性能的影响及作用规律，从而获得可靠的制备工艺参数。

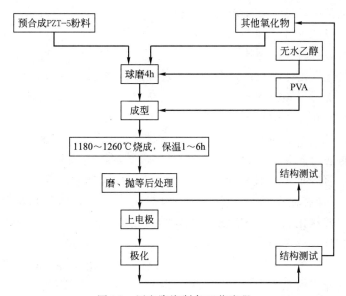

图 10 压电陶瓷制备工艺流程

压电陶瓷的制备方法很多，与热压烧结工艺、液相合成工艺相比，常规固相反应陶瓷制备工艺具有工艺简单、投资少、易于批量生产等优点，但难以获得单一钙钛矿结构，往往会含有大量的焦绿石结构，故可采用多次合成法来消除焦绿石结构的影响（见图 10）。

（1）配料

原材料的纯度、细度（或称粒度）和活性是衡量原料质量的三个重要指标。原料的性质将对压电陶瓷的最终性能产生决定性的影响。压电陶瓷与传统陶瓷最大的区别是它的制备对原料的纯度、细度、颗粒尺寸和分布、反应活性、晶型、可利用性以及成本都必须加以全面考虑和控制。原料在很大程度上可决定压电陶瓷元件性能参数的高低，对工艺的顺利进行也有重要影响。因此，对所用原材料的性能必须有所了解，选择原材料必须符合经济合理的原则。压电陶瓷所用的各种原料，一般都是各种金属氧化物，有时也采用各种钛酸盐、锆酸盐、锡酸盐、铁酸盐和碳酸盐等。目前，压电陶瓷生产上所用的各种原材料具有很强的地方性，原材料的质量往往随产地和批号的不同而有很大的差异，严重影响了生产质量的稳定性。因此掌握原材料质量对产品性能的影响，进而在生产中予以有效的控制，对确保产品的质量有重大的现实意义。

① 原料的纯度　纯度就是原料的纯净程度，相对来说也是指原料的含杂程度。纯度越高的原料所含的杂质种类和数量越少。化工原料按纯度可分为工业纯和试剂纯两大类，而试剂纯的原料按纯度高低又可分为四级。工业纯的原料生产量大，供应稳定，同批产品的一致性和活性都较好，价格也较便宜。因此，在能够保证产品产量的前提下应该尽可能选用工业纯原料，以降低成本，但应注意的是，工业纯原料的纯度较低，不同批号原料的纯度波动较大。试剂纯原料的纯度虽较高，但在价格方面却要比工业纯原料贵几倍甚至几十倍，且纯度高的原材料虽然含杂质少，但烧结温度较高，最佳烧结温区也较窄，给烧结带来一定的困难。虽然工业纯原料的纯度不高，但对产品性能有危害的杂质只有一两种。因此如果在化工厂采取特殊措施除去这些杂质，或添加某些能改善性能的微量添加剂，而不进行全面的提纯，则不仅原料的成本将进一步大幅度降低，也更符合陶瓷生产的要求。此外，纯度较低的一些原材料，有的杂质还可以在烧结过程中起到矿化剂或助溶剂的作用，反而使烧结温度较低、最佳烧结温度范围较宽，在一定程度上有利于陶瓷的生产。这种特定的工业纯原料有时也称为"陶瓷纯"或"电容器纯"。

原材料中含有各种各样的杂质，对压电陶瓷元件的不同型号，配方的作用和影响也各不相同，应视具体情况而定。对产品性能和工艺过程最敏感的原料应选择较高的纯度，与原料的化学性质相近，能形成置换固溶体的杂质的最高含量可以略高；对那些能使晶格发生严重畸变的杂质，或者能在晶体中产生自由电子和空穴的"施主杂质"和"受主杂质"以及变价过渡元素（SiO_2）的最高含量必须严格控制，有时这类杂质即使只有 0.1%（质量分数）也会使物理性能严重恶化而完全失去使用阶值。如 K^+、Na^+ 等卤族元素将使铁电、压电陶瓷材料的绝缘电阻显著降低，使其极化时容易被击穿，损耗增大，介电常数和机电耦合系数 K_p 下降，其总含量应控制在 0.01% 以下。一般来说，在制作 PZT 压电陶瓷元件时，二氧化钛、二氧化锆和四氧化三铅可采用工业纯材料，它们的纯度均能达到 98% 以上。实际生产中原材料的主成分含量都是采用化学分析方法测定，杂质含量则常在已有经验的基础上采用半定量的光谱分析。必要时也可进行 X 射线衍射分析和电子探针微区分析。对不同原材料所含不同杂质的允许量是不同的，这主要根据下述三个因素来决定。

a. 杂质的类型可分为有害与有利两种。一种是有害杂质，特别是异价离子，如 B、C、P、S、A 等元素的离子。由于它们对制品的绝缘、介电性能产生极大影响，有时即使在配料中的含量在 0.1%（质量分数）以下，影响也很大。因此，要求这类有害杂质的含量越少越好。另一种是有利杂质，如与 Pb^{2+} 同属二价或与 Ti^{4+}、Zr^{4+} 同属四价，而离子半径相近，能形成置换溶体的杂质，如 Ca^{2+}、Sr^{2+}、Ba^{2+}、Mg^{2+}、Sn^{2+} 等离子。这类杂质离子在配料中可以允许含量稍高一些，一般在 0.2%～0.5% 范围内，它们对制品性能没有坏的影响，对工艺反而有利。

b. 压电陶瓷换能器材料的类型可分为接收型、发射型和收发兼用型三种。不同类型的杂质对不同类型的压电陶瓷换能器的性能产生不同的影响。一般情况下，接收型压电陶瓷换能器中，总要加入一定数量对介质损耗和机械品质因数产生不利影响，但能降低电导率和老化速率的三价或五价（如 La^{3+}、Nb^{5+}、Sb^{5+} 等）的杂质，在这类换能器的压电陶瓷元件的配料中，若存在微量的其他杂质，尚不足以显著影响由于引入施主杂质所产生的既定作用，所以杂质含量可以允许稍高一些，一般为 0.5% 左右。对发射型压电陶瓷换能器，配料中的杂质总量总是越少越好，一般希望在 0.05% 以下。如果为了提高制品的介电常数或改进工艺等特殊目的，有意加入添加物，就另当别论了。

c. 原材料在配方中的比例。在压电陶瓷元件中，所引进的各杂质的总量，随原材料在配方中所占比例的大小而不同，因此对原材料的杂质要求不同。在 PZT 配方中，比例较大的四氧化三铅、二氧化锆和二氧化钛在配方中分别占总质量的 60%、20% 和 10% 左右，若这些原材料中的杂质含量较高，所引入的杂质总量也就相应较多。杂质总含量要求均不超过 2%，也就是说，要求纯度均在 98% 以上。配方中比例较小的添加物，如碳酸钠（Na_2CO_3）、氧化铋（Bi_2O_3）等，对它们的杂质总含量要求可以稍高一些，一般均在 3% 以下。也就是说，要求纯度均在 97% 以上。

② 原材料的细度 细度是指压电陶瓷所用粉末材料颗粒的粗细度。细度一般都以最大粒径、平均粒径或比表面积表示，有时也用颗粒组成（即不同粒径原料组成的质量分数）来表示。一般原料越细，则其平均粒径越小，比表面积越大。任何一批粉状原材料不可能都是由大小完全相同的颗粒组成的，对于接近球形的粒状粉末来说，可以用颗粒直径的微分或积分分布曲线来表示这批原材料的细度和细度分布情况。进行颗粒组成分析是保证生产工艺和产品性能稳定性的一项有效措施。

目前，测定颗粒粒径的方法很多，有筛分法、显微镜观察法、沉降法、比表面积法等。显微镜法是直接用显微标尺进行测定的方法，而细度的分布则可选择具有代表性的视野进行统计计算，这种方法常用来测定粒径在 $5\mu m$ 以下的超细粉状材料。沉降法是生产中经常采用的一种方法，它利用粒径不同的颗粒在悬浮液体中沉降时所需的时间不同，而把粒径不同的颗粒分离出来，适用于直径在 $10\mu m$ 以下的颗粒粉末。对于粒径在 $10\mu m$ 以上的粗颗粒，可以用筛分法进行测定。由于筛分法是利用孔径不同的丝网对颗粒进行分级，因而也可作出细度的分布曲线。

以上几种方法都可以直接测定原料的颗粒粒径和分布特征，一般来说都能比较全面地反映出原料的细度状况。虽然这些方法本身都不是很复杂，但在实际生产中以筛分法应用得最为普遍。采用筛分法时大都以标准筛（万孔筛，10000 孔/cm^2，孔径约为 $66\mu m$）来控制原料的细度，过筛后，用水冲洗并收集筛网上的筛余原料，经烘干后再称取其质量，然后算出筛余粉料占全部测试原料的百分比，即作为该批原料细度的一个指标。筛余量越大，粉料细度越差（即越粗）。这种方法实际上是用原料中颗粒最粗的粒子所占的比例来度量该批原料的细度，对于测定用化学方法或物理方法细化的原料的细度，这种方法就不太有效了。

原料的细度对压电陶瓷的质量有极大的影响，因为颗粒较细、比表面积较大的原料不仅成型密度高，而且表面活化能较大，原料固相反应也比较完全，便于在较低的温度下和较宽的温度范围内获得较好的烧结效果。一般来说，压电陶瓷原料的粒径都要求在 $10\mu m$ 以下，能在 $1\sim2\mu m$ 以下更好，这对于化工原料来说经振磨后一般问题不大，对于矿物原料来说则难度较大，视起始的机械破碎程度而定。对那些用量很少或者坚硬而不易磨细的原料，必须先经过充分磨细，再予以混磨才能充分保证配料的均匀性和一致性，否则将使压电陶瓷的工艺稳定性和重复性变差。

③ 稳定性和活性 所谓稳定性和活性，就制作压电陶瓷元件时对原材料的要求而言，前者是指在未进行固相反应前原材料本身的稳定性，后者是指在固相反应过程中原材料本身的活性，它们是一个问题的两个方面。

制作压电陶瓷元件，一般都采用金属氧化物作原料，但碱金属氧化物和碱土金属氧化物的通性是容易和水作用，在空气中不易储存。所以，Na、Ca、Ba、Sr、Mg 的氧化物就不宜采用，只能采用具有和水不起作用，且较稳定，加热又能分解出活泼性较大的氧化物的相应的碳酸盐，如碳酸钠（Na_2CO_3）、碳酸镁（$MgCO_3$）等。在合成过程中，各组成成分是否容易进行固相反应和反应速率的快慢，在很大程度上取决于原材料本身的活泼性。活泼性好的原材料，既能促使固相反应完全，又有利于降低合成温度，还能减少在合成过程中铅的挥发。低温易分解的碱式碳酸铅 $2PbCO_3 \cdot Pb(OH)_2$ 和四氧化三铅，它们在分解时由于脱氧而生成活性较大的氧化铅 PbO，对固相反应有利。四氧化三铅的活泼性比氧化铅强得多，而碱式碳酸铅的活泼性又比四氧化三铅强得多。因为碱式碳酸铅在 620℃ 附近，即进行固溶体的合成反应，在 850℃ 时反应就基本结束了；四氧化三铅在 500℃ 以上脱氧，在 640℃ 左右才开始进行固相反应，到 850℃ 反应基本结束；氧化铅由于在低温时无分解反应，当然活泼性就差，使固溶体合成反应的起始温度提高到 600℃ 以上，而反应结束时温度也移后到 800℃。这就充分说明，采用活泼性较强的原材料可以降低合成温度。尽管碱式碳酸铅活泼性较好，对于合成有利，但由于性质不够稳定，易于分解，纯度也较低，相对密度又较小，价格较高，对生产不利，因此一般很少采用。

根据配料计算结果进行配料时，因为掺杂量对压电陶瓷材料的性能影响很大，实验采用万分之一分析天平称量原料，误差不超过 0.1mg。称料过程中为了保证配料混合的均匀性，应采用量多的料放置在上下部分，量少的料放置在中间部位的原则。

（2）粉料制备

瓷料的生成依赖于高温下的固相反应，而固相反应中各原料的粒度和均匀性对是否完全反应起着极为重要的作用。一般而言，反应到一定程度所需的时间和原料半径的平方成正比；在一定温度下，颗粒间的接触面生长速率（烧结速率）近似与颗粒度成反比。原料或瓷料的颗粒度愈小，烧结速率愈大，所需烧成温度愈低。同时，晶粒生长的速率与晶粒的直径成反比。这说明瓷料的颗粒度与随后的晶粒生长速率也是密切相关的。起始原料或瓷料的颗粒度较大时，晶粒生长速率就慢，反之就较快。因为反应中 PbO 在高温下易挥发，故不能依赖提高反应温度来增加反应速率，而且相结构所要求的温度范围有一定限制，同时温度愈高对设备的要求也愈高，故希望在一个合适的温度范围里完成反应。这样就要求原料有一个比较合适的粒度，以利于反应的完成。同时，粒度也不宜过小，否则因表面张力的关系反而不利于烧结。为了得到合适的粒度，需要进行球磨。

① 球磨方法　按规定的比例，分别取三种不同直径的研磨球，倒入球磨筒中。然后，将已称好的原材料依照下列次序：Pb_3O_4 → 取代添加物和掺杂物 → TiO_2 → ZrO_2，逐一全部倒入球磨筒内。再按规定比例，量取分散剂倒入球磨筒内。盖紧筒塞之后，手工反复滚动 5～10min，再放在球磨机上进行球磨。

② 球磨条件　摩擦轴式滚动球磨机的多年生产实践证明，下列球磨条件较为合适。

a. 球磨机线速度：40～60m/min。小转速：70～80r/min。

b. 球磨筒外径：210～220mm。内径：190～200mm。长度：320～350mm。

c. 研磨球（压电陶瓷一般用钢球和锆球，或用瓷质球）直径为：15mm、20mm、25mm。

d. 球磨筒填充系数：0.6～0.8。

e. 球磨时间：一般为 24～36h。

f. 不同直径研磨球的质量分数：直径为 15mm 的占（12±1）%，直径为 20mm 的占

(32.5 ± 1)%，直径为 25mm 的占 (55 ± 1)%。

③ 混合料的抽滤烘干 已达到球磨时间的浆料，必须迅速抽滤。否则浆料将随着静置时间的增长，而呈现料粉不均匀的现象。为此，须将料、球、弥散剂三者分离，达到排除弥散剂、防止浆料分层、易于干燥的目的。

a. 抽滤方法 采用铺有滤纸的瓷漏斗盛放浆料，置于耐压玻璃抽滤瓶上，再接上旋转真空泵的进气管，借助真空泵两个泵腔的压力差，使料浆中的弥散剂被抽滤干净，直至无弥散剂滴下为止。

b. 干燥料饼 将抽滤后的料饼置于干燥箱中干燥，直至料饼中的弥散剂全部干燥为止。当弥散剂为酒精时，干燥温度为 $70\sim80℃$；当弥散剂为蒸馏水时，干燥温度为 $100\sim120℃$。

④ 在粉料制备过程中应注意的几个问题

a. 料浆结块分层。在球磨过程中，当球磨机停止转动的时间过长，或者在达到预定的球磨时间后未及时抽滤，搁置时间过长时，料浆中各种原材料的相对密度相差很大，其中 Pb_3O_4 的相对密度达 9.1，下沉速度最快，而碳酸钠的相对密度只有 2.53，碳酸锶的相对密度也只有 3.7，它们的下沉速度缓慢，从而悬浮在上面。料浆结块分层，使料粉的均匀性不良，达不到球磨的预期效果。防止结块分层的方法是：料浆达到球磨时间后，立即抽滤，搁置时间最长不能超过 0.5h。如果因停电或设备发生故障，必须停止运转时，待恢复正常后，要加倍补充不足的时间，并在压坯之前，将料粉过筛一次，使之趋向均匀。

b. 新研磨球未经处理就投入使用。如若这样，新球表面的渣杂、污物会全部混入料粉中，使料粉的杂质含量大大增加，严重时可能无法烧结成瓷，使制品无结晶而报废。因此，新球在未使用前，必须装在球磨筒内，经过 4h 以上湿磨之后，彻底洗净、烘干，方可使用。

c. 瓷漏斗发生炸裂。瓷漏斗质量不良时，经过较长时间的受压抽滤后，可能出现微细裂纹。若这些裂纹未被及时发现，而抽滤瓶内、外压力差太大，就会发生爆炸，因此应经常检查，一旦发现裂纹，不论大小都应停止使用。

d. 烘箱着火爆炸。在干燥料饼时，若烘箱门关闭过紧，烘箱内酒精浓度将超过允许极限值，当烘箱内温度超过 80℃ 时，必然发生强烈的爆炸，甚至烘箱的玻璃门炸裂四处飞散。所以烘箱内温度必须限制在 80℃ 以下，烘箱门必须留一定的缝隙，并应经常检查，适时调整烘箱的温度。

e. 漏料。漏料有两种情况：一种是由于在抽滤时，滤纸铺垫得不平、不紧，或滤纸已破，或在倒料时将原铺垫好的滤纸冲动所造成的；另一种是由于在球磨过程中，球磨筒本身有裂缝、气孔或被磨损的缘故。若系第一种情况，则应重新更换滤纸，并切实铺平，重新抽滤；若系第二种情况，可采用环氧树脂胶对球磨筒的裂痕、气孔和破损处进行粘补，将上述材料称好搅拌均匀之后，立即涂补，经 2h 固化后即可使用，但粘补胶不宜涂补在球磨筒内壁上。

f. 球磨筒混用。在制造压电陶瓷元件的过程中，如果球磨筒不专用，把球磨二氧化锆的球磨筒用来球磨混合料粉，或球磨另一种配方时，会导致料粉混入杂质，轻则造成工艺不正常，性能低劣；重则造成无法加工，整批瓷料报废。因此，球磨筒应专用，最多只能是同种配方通用，球磨筒要有明显、清晰的编号，以防拿错，若改用球磨其他料方，必须仔细清洗，并用研磨球加水空磨 4h 以上再用。

g. 球磨转速的选择。一般当球磨筒内径 $D<1.25m$ 时，取转速 $n=35\sqrt{D}$（r/min）；当球磨筒内径 $D>1.25m$ 时，取转速 $M=4\sqrt{D}$（r/min）。例如，采用内径为 200mm 的球

磨筒时，转速为 78r/min，采用内径为 100mm 的球磨筒时，转速应为 110r/min。以上公式在料粉、研磨球、弥散剂的总质量保持一定，而且料粉和研磨球的体积密度大致相同（通常为 2.5g/cm³）时才成立。当研磨球较多而料粉和弥散剂较少（即生成流动性很差的黏稠料浆）时，应采用较高的转速；当料粉的体积密度较大或者采用体积密度较大的研磨球时，也应采用较高的转速。

h. 球磨筒的选择。球磨筒可采用硬聚氯乙烯、聚乙烯、软聚氯乙烯衬里、有机玻璃和普通陶瓷制成。普通陶瓷球磨筒因为会引入杂质，故现在大多不采用。软聚氯乙烯衬里的球磨筒，不仅耐磨，而且成本低，易于加工修补，还不影响料粉质量。硬聚氯乙烯塑料板焊接的球磨筒制作加工较容易，成本也较低，较适合于大量生产。现在又有专门用于生产的球磨筒采用钢结构的球磨机，已被很多生产压电陶瓷频率元件的公司采用。一般短圆筒式球磨筒的长度为直径的 1.6 倍较合适；长圆筒式球磨筒的长度为直径的 4～6 倍较合适。

i. 研磨球的影响。料粉的粉碎作用，与研磨球的性能、直径、个数和体积密度有十分密切的关系。研磨球的大小及其比例，要根据球磨料粉的多少而相应变化。一般来说，1～10kg 的料筒内，采用直径 15mm 的球占 12%，直径 20mm 的球占 33%，直径 25mm 的球占 55%，这样的比例较合适。当料粉增加到 10kg 以上时，应适当增加直径较大的研磨球，减少直径较小的研磨球。

j. 球、料、弥散剂的比例，应随球的种类、批量的大小、原材料的吸湿程度而变。若球的数量太少，则碰撞和研磨的次数都少，效率也低；但球的数量也不能太多，否则上升的球与下降的球发生撞击，不能充分发挥击碎作用，同时球磨滑动较多，球的磨损相应也增大。若弥散剂太多，则料浆太稀，球与球直接打击的机会增多，料粉不易磨细，而且球的磨损增大，混入到料粉中的杂质也较多；但弥散剂过少，将使料浆十分黏稠，球受到的阻力太大，不易坠落，而且料浆的流动性不好，研磨效率降低。采用体积密度为 5.7g/cm³ 的钛酸钡瓷球时，料∶球∶水 = 1∶1∶(0.5～0.6)。

k. 弥散剂的影响。弥散剂一般采用蒸馏水或酒精。酒精的极性较水略低，使微细料粉的凝聚机会减少，具有提高球磨效率的优点，但比蒸馏水的成本要高、安全性要差。若配方中掺有水溶性的物质（如碳酸钠等），则必须采用酒精，以避免配方组成的偏离。在球磨、抽滤、洗涤过程中所用过的酒精，可以回收反复利用。但在烘干料饼的过程中，要特别注意防止着火或爆炸。为了达到混合均匀、磨细料粉而又不引入较多杂质的目的，料浆的黏度和研磨球的用量，应保持适当比例。弥散剂的用量，一般采用每 100g 料粉中加入 50～60g。若弥散剂过多，球磨效率虽高，但研磨球的损耗也随之增大；同时料浆过稀，在停止球磨后的抽滤过程中，不同密度的原料将因沉降速率不一致而导致料浆分层，破坏应有的均匀性。若弥散剂过少，则料浆强度增大，甚至成为黏稠体凝结成团，大大降低球磨效率，也达不到预期混匀、磨细的目的。现有一种球磨料、水、球之间的质量比供参考，料∶去离子水∶玛瑙球 = 1∶0.6∶1。

l. 球磨时间的影响。球磨时间应合适，不能过长或过短。球磨时间过长，虽可增加料粉的细度，但设备增多，而且随着球磨时间的增长，研磨球的磨损量增加，引进的杂质也增多。电性能参数相应降低。生产实践证明，第一次球磨的时间以 15～35h 较合适，第二次球磨的时间以 15～25h 较好，但球磨时必须不间断。否则，料浆中各种不同相对密度的原材料，将因沉降速率不同而出现分层现象，影响料粉的均匀性，甚至凝结成块，降低球磨效率，这也就等于相应地缩短了球磨时间。

m. 球磨方式的影响。球磨的方式有湿磨和干磨两种。总的来说，湿磨优于干磨。湿磨，即在球磨过程中加有弥散剂（蒸馏水或酒精）；干磨即在球磨过程中不加任何弥散剂，仅以料粉和研磨球两者相互研磨。一般来说，各种原材料第一次混合时，采用湿磨较为合适。但为了节省时间，提高工效，有的工厂将合成后的瓷料，经粉碎、过筛后进行干磨，干磨时间可稍微缩短些，一般为 20h 左右。

n. 原材料粒度的影响。各种原材料的细度和硬度均有较大差别。若不顾各种原材料颗粒的粗细和软硬，同时倒入球磨筒中进行球磨，常常因为细粒、软粉的阻尼作用，妨碍粗粒、硬粉的粉碎，使球磨效率降低。一般占原料总质量 75% 左右的四氧化三铅和二氧化钛的颗粒较细而且软，均能通过 325 目筛而无筛余，球磨时间就可以缩短；而占原料总质量约 25% 的二氧化锆、碳酸锶以及其他材料（如五氧化二铌和无水碳酸钠）的颗粒较粗且硬，就应适当延长球磨时间。因此，根据原材料的粒度不同，应在配料之前的原材料处理时，对颗粒较硬且粗的二氧化锆、碳酸锶、三氧化二锑和无水碳酸钠等原材料，分别进行适当时间的球磨。这是提高球磨效率的有效途径，值得研究试用。

o. 填充系数的影响。研磨球、料粉和弥散剂的总体积占球磨筒容积的百分比，常称为填充系数，也可称为填充度。一般来说，填充系数以 0.6~0.8 较为理想。

p. 加料次序的影响。在锆钛酸铅压电陶瓷元件的瓷料中常常添加微量加入物，它们占的比例很小（如 PZT-S3 型压电陶瓷中，加入 0.8% 左右的 Na_2CO_3 和 2% 左右的 $SrCO_3$），要使这部分用量很少的原料，在整个资料中均匀分布，操作时需要特别小心。根据实践经验，一般总是先把一种用量最多的原料（如四氧化三铅）加进球磨筒，而后加入用量最少的加入物（如 $SrCO_3$、Na_2CO_3、ZrO_2 等），最后再把另一种用量较多的原料（如 TiO_2、ZrO_2 等）加在上面。这样，用量最少的加入物，就夹在两种用量最多的原料中间，可以防止少量加入分布不均匀的毛病。加入物虽然量少，但对电性能参数影响极大。如果在瓷料内分布不均匀，就达不到预期的效果。

为避免在此过程中引入杂质或损料，应充分清洗球磨罐及研钵，转移物料时尽量转移完全。本实验制备压电陶瓷的原料是金属氧化物，为了使生成压电陶瓷的化学反应能够顺利进行，要求原料的粒度不超过 $2\mu m$。本实验使用 QM-SB 球磨机，将原料在无水乙醇中以 300r/min 的速度球磨 4h，一般可以达到粒度要求。然后将料浆倒出，烘干待用。

（3）预烧

预烧过程一般可分为四个阶段：线性膨胀（400℃以下）、同相反（400~750℃）、收缩（750~800℃）和晶粒生长。预烧是使材料发生固相反应，形成主晶相的关键步骤。本实验采用二次预烧的方法。坯料体积变形率可控制在 1% 以内。PZT 的形成主要有以下两种反应：

$$PbO + TiO_2 \longrightarrow PbTiO_3 (>540℃)$$

$$PbTiO_3 + PbO + ZrO_2 \longrightarrow Pb(Zr_m Ti_n)O_3 (>650℃)$$

图 11 所示的曲线是采用日本 TAS-100 型差热分析仪，对预烧粉体进行差热分析得出的。实验条件为：从室温升至 1000℃，升温速度为 300℃/h。从图中可知，预烧时选择 900℃ 保温是合适的。据此，本实验 PZT 的预烧制度定为：从室温以 150℃/h 的升温速率升温至 300℃，再以 300℃/h 的升温速率升温至 650℃ 后保温 2h，继续升温至 900℃ 后保温 2h，然后随炉冷却至 100℃ 以下方可取出进行下一步工作。

在预烧过程中，必须考虑 PbO 的挥发问题。因为 PbO 在超过 800℃ 时就会大量挥发，

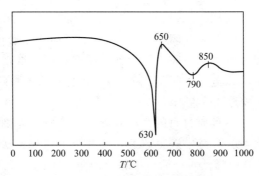

图 11　PZT 差热分析曲线

而本实验的预烧温度高于此温度。因此，在预烧时，将样品置于氧化铝托盘上，然后在其上罩以一小一大两个坩埚，减少铅的挥发空间以达到抑制铅挥发的目的。为了进一步防止 PbO 的挥发，还可将样品埋入铅锆粉中，在预烧时制造铅气氛。

　　（4）造粒、成型和排塑

　　① 常用的造粒方法

　　a. 普通手工造粒法　　向瓷料中加入适量（一般为 4％～6％）的 5％浓度的聚乙烯（PVA）醇水溶液，在研磨钵内用手工仔细混合均匀。然后过筛（一般为 16 目或 20 目）。依靠黏结剂的黏聚作用，可得到粒度大小较均匀的较粗团粒。这种方法操作简单、效率高，但混合拌料的劳动强度大、劳动条件差（粉尘对人体有害），而且往往因为拌混黏结剂不匀，而使坯件分层和致密度不一致，影响制品的最终性能。同时，采用这种造粒方法时，团粒必须陈化存放 12h 以上才能成型，因而生产周期长，对生产不利，只适用于小量生产和实验室的试验。

　　b. 喷雾干燥法　　将混合适量黏结剂的瓷料先做成料浆，再用喷雾器喷入造粒塔进行雾化。进入塔内的雾滴与从另一路进入塔内的热空气汇合，其中的水分受热空气的干燥作用在塔内蒸发而成为干粉，经旋风分离器吸入料斗备用。采用喷雾干燥法很容易得到流动性好的球形团粒，但是造粒的好坏与料浆黏度、喷雾压力有关。若黏度与压力不当，会使团粒中心出现空洞。这种方法适用于现代化大规模生产，产量大，效率高，又可以连续生产，每小时造粒可达 200kg，劳动强度和劳动条件可大大改善，并可为自动化成型工艺创造良好条件，但设备加工和工艺较复杂。

　　c. 加压造粒法　　向瓷料中加入 4％～5％的 5％浓度的聚乙烯醇水溶液，在瓷研钵内用手工初步混合均匀，或在捏和机内搅拌均匀，过 20 目筛。然后，在液压机上用压模以180～250kg/cm^2 的压力保压约 1min，压成圆饼。用手工捣碎或破碎机夹碎圆饼，过 20 目筛，筛余再捣碎或夹碎并过筛，直至筛余全部通过 20 目筛为止。最后，将全部团粒过一次筛（20目），使其更加均匀。经过造粒的瓷料，立即就可成型。这种造粒法的优点是团粒体积密度大，制品机械强度较高，能满足各种大型和异形制品的成型要求。它是生产中广泛采用的方法，既适合大中型工厂的生产，也适合实验室的试验。但是，采用这种造粒方法，劳动强度高，效率低，工艺要求严格，否则将影响成型质量。

　　用喷雾干燥法造粒所得的团粒多呈理想的圆球形，因为它是在液体状态下，依靠表面张力作用收缩成型的。这种方法比其他造粒方法优越。用加压造粒法得到的团粒呈菱角形，经过球磨也可成为近似球形。因此，这种方法仅次于喷雾干燥法。用手工造粒法得到的团粒质量相对较差。

② 成型　原料经造粒陈腐以后，就可以进入成型步骤。成型是指将瓷料压制成所要求几何形状的坯件的过程。它一方面要保证材料易于烧结；另一方面要满足使用要求。现代陶瓷元件应用的发展趋势是轻、小、薄，一般成型为小圆片即可。由于功能陶瓷的大多数配料不含黏土，是非可塑性的，为了满足不同的成型要求，坯料中一般要加黏结剂。实验发现，PZT 体系成型过程中常出现分层现象，一方面是由于该体系本身塑性较差；另一方面也可能是由于黏结剂所加的量偏少以及不易混合均匀所致。本实验所用的黏结剂为 PVA，加入量为 3%～5%。干压成型工艺简单、成型制品烧成收缩率小、不易变形，适用于片状等简单几何形状的坯件的成型。干压成型是将流动性好、颗粒级配合理的造粒粉料装入模具中通过压机施以外压力，使粉料压制成一定坯体的方法。所用的压机有摩擦压力机、液压成型机、自动压片机。成型的好坏直接影响陶瓷的性能，成型时需要注意以下几点。

a. 粉料的自由堆积孔隙率　装模时粉料的自由堆积孔隙率越小，坯体成型后的孔隙率也越小。可以采用控制粉料的粒度和粒度分布或采用造粒、震动装料等方式，减小粉料的自由堆积孔隙率，从而得到较致密的坯体。

b. 粉料流动性　提高粉料的流动性，减小颗粒间的内摩擦力，也可使成型后坯体的孔隙率降低，可通过造粒得到球形颗粒、加入成型润滑剂等方式来实现。

c. 成型压力　增大成型压力，可使孔隙率减小，但在实际生产中因受到设备的限制以及坯体质量的要求，加压压力不能太大。

d. 加压保持时间　延长保压时间，能使压力传递充分，有利于改善压坯中各部分的密度分布，使坯体孔隙中的空气有足够的时间排出，给粉末之间的机械啮合和变形以时间，有利于压变弛豫的进行，因而可以降低坯体的气孔率，但会降低生产率。

e. 加压方式　简单加压时，坯体中压力分布是不均匀的，存在低压区和死角。为了使坯体的致密度均匀一致，宜采用双面加压或双面先后加压的方式。如果采用等静压加压，则坯体致密度更均匀。

f. 加压速度　开始时压力应小些，以利于空气排出，然后短时间内释放此压力，使受压气体逸出。初压时坯体疏松，空气易排出，可以稍快加压。当用高压使颗粒紧密靠拢后，必须缓慢加压，以免残余空气无法排出，以致在释放压力后，空气膨胀回弹导致坯体产生层裂。为了提高压力的均匀性，可采用多次加压。开始压力稍小，然后压力加大，这样不至于会阻塞空气排出的通路，最后一次提起时应更轻、缓、慢，防止残留空气急速膨胀导致坯体产生裂纹。若加压的同时振动粉料，则效果更好。

g. 添加剂　在压制成型粉末时，往往加入一定质量和种类的添加剂，其目的是减少粉料颗粒与模具间的摩擦，增加粉料颗粒间的黏结作用，或促使粉料颗粒湿润、变形，从而提高坯体的致密度和强度，减少密度分布不均等现象。

③ 成型操作方法和常见疵病　成型操作方法：成型前，仔细称取已增塑的团粒，全部倒入阴模内。将团粒振平后，放置到压力机受压的中心部位。受压后，取下阳模，即可退模。压制直径与高度较小的圆片、圆柱形坯件时，可直接用手工把坯件顶出模腔；压制直径与高度较大的圆片、圆柱形坯件时，则应采用专门的退模工具。

成型时常见的疵病及其解决方法如下。

a. 横裂即与压力方向垂直的裂纹。其产生的原因：由于成型压力过大，使得坯件回弹力也大，导致在拉力作用下开裂；模具设计、加工不合理，斜度太小，使得坯件脱模困难，导致开始脱模露出部分回弹膨胀而开裂；加入黏结剂后未拌匀，团粒致密度不一致造成横裂。其解决方法：应适当控制成型压力，在一般情况下，不宜超过 $2t/cm^2$；确保模具有一定斜度，一般以不小于 1‰ 较好；改进造粒方法，严格执行造粒程序，改善黏结剂的存放条件，防止水分挥发（温度一般不超过 35℃，并且密封），存放时间不得超过 2 周。

b. 纵裂即与压力方向平行的裂纹。其产生的原因：脱模后坯件膨胀大小不同。其解决方法：应改善造粒条件，提高团粒的流动性；装料时力求均匀，必须先振紧、振平后再加压；装料速度宜慢一点，防止模腔中有空洞。

c. 分层表现为脱模后的坯件两端表面"冒水"，表面有明显起泡，断面呈中空状；退模困难，坯件两端面不光滑。轻者表面正常，但内部分层，有时在深加工或极化时才能发现；重者表面轻度突起，有细纹，断面中间呈页状。其产生的原因：脱模时，钢模工作面与坯件表面之间的摩擦力大于坯件内部的聚合力，使坯件受到剪切而分层；黏结剂用量不当，用量过多，坯件表面、中间分层，用量稍多，坯件端面突起鼓泡，表面分层，用量过少，坯件内部呈密集性细分层；加入黏结剂的瓷料未拌匀，一部分团粒黏结剂过多形成表面分层，另一部分团粒黏结剂过少形成内部分层；预烧排塑的升温速度过快，黏结剂生烟化气过急，不能及时顺利地逸散。形成内部分层和气孔；团粒保管存放不善，时间过长，导致吸收空气中的水分而过于湿润，或挥发失去团粒中的水分而过于干燥，结果造成表面和内部分层；瓷料本身内部储存不少空气，导致分层。防止产生分层的措施：减小坯、模之间的摩擦力，最简单的方法是简化模具，使模具的下阳模缩短到最低限度，最好不用下阳模，直接采用平板；阴模与阳模的配合，既不能过松也不能太紧，已严重磨损的模具，不应继续使用，严格控制黏结剂的加入量和合成时的温度与保温时间，使瓷料具有一定的致密性，相对密度较高。

d. 疏松且不均匀表现为脱模后坯件出现凹坑、麻点并呈网络状。其产生的原因：粉碎时瓷料粒度过粗，球磨效率低，瓷料本身无可塑性；造粒不当，加入的黏结剂过少；团粒流动性差。因此，瓷料粒度越细越好，造粒后的团粒要干湿一致，粒径基本相同，密度基本一致；黏结剂的添加量要适宜，并切实拌匀。

④ 排塑　根据实验条件，本实验采用干压成型。在实验过程中，发现该粉体的模压成型异常困难，所以加入黏结剂（PVA 水溶液）辅助成型。黏结剂的作用主要有以下三个方面。

a. 赋予瓷料可塑性，便于成型，成型后坯件具有较高且均匀的致密度，减少烧结后坯件的收缩和变形。

b. 增加瓷料的相互黏结性，使成型后的瓷料具有一定的机械强度。

c. 减少分层、裂纹现象。

黏结剂加入过多也会产生负面影响，如烧结过程中因其挥发使样品内部产生孔隙而影响性能。由于黏结剂多为有机高分子化合物，在高温烧成过程中，会发生熔化、分解、挥发等物理和化学变化并以气态的方式从坯体中排出，导致坯体变形、开裂。因此在烧成之前必须把坯体中的黏结剂排除干净。排胶的同时，还使素坯具有一定的机械强度，为烧成创造条件；避免黏结剂在烧成时的还原作用。因此在烧结前必须进行排塑过程，以避免坯体烧结时因 PVA 黏结剂挥发而产生孔隙。排塑过程需控制升温速度低于 150℃/h，否则水分与黏结剂已挥发形成孔隙，周围原子还来不及塌陷下来，这样孔就会保留下来。因此排塑时采用 100℃/h 的升温速率升温至 800℃后保温 2h。

（5）烧结

烧结的目的，一方面是为了在高温状态下使在合成过程中尚未完全反应的少部分氧化物继续完成化学反应，力求全部生成所需化合物；另一方面是为了在高温条件下使化合物由松散的无数小晶粒，通过结晶使晶粒生长成为均匀、致密而且具有某种显微组织结构和一定机械强度、物理性能的多晶材料。烧结是压电陶瓷生产的关键步骤。

2. 表面镀电极

表面镀电极包括表面涂覆工艺及热处理工艺。压电陶瓷上镀电极的方法有多种，如真空镀金、烧银等，鉴于成本考虑，本实验采用烧银的方法来给样品镀上电极。本实验采用的银浆为工业用液体电极料。采用丝网印刷的方法将其均匀地涂在样品的上下两个表面上，然后烘干。接着就可以进行烧银。烧银的升温制度为：以 100℃/h 的速率由室温升至 800℃，保温 0.5h。

3. 介电陶瓷的极化

介电陶瓷的极化包括极化电压、极化温度、极化时间等对材料极化性能有影响的因素。极化是指构成质点的正、负电荷沿电场方向在有限的范围内作短程移动，导致正、负电中心不重合，极化的结果均导致介质中产生电偶极子。压电陶瓷必须经过极化后才有压电性。极化过程是压电陶瓷片的电畴在直流电场作用下定向排列的过程，它使材料最终具有压电性。极化方法：使瓷片浸入 100～150℃ 的油浴中，施加 1～4kV/mm 的电场，然后保压 15min。2671 万能击穿装置的使用方法如下（$U=12$kV，$J=1\mu A\sim100$mA）。

① 将被测样品安装在测试夹具上，接通恒温油浴电源，设定极化装置所需温度，当达到设定温度时，恒温 15min。

② 接通 2671 万能击穿装置的电源，电源指示灯亮，预热 15min。

③ 旋转面板上的旋钮，使电流、电压为零。

④ 设定允许漏电电流及所需加载的电压挡。

⑤ 加载电压，电压指示灯亮，旋转电压旋钮到所需电压，保压 15～30min。

⑥ 到保压时间后，轻轻按下电压旋钮，听到一声鸣响后，仪器自动卸压。

⑦ 当漏电电流超过设定值时，蜂鸣器鸣叫，仪器自动卸压。

4. 准静态法测试压电系数 d_{33}

① 接通 ZJ-3A 型 d_{33} 准静态测试仪的电源，拉下电源开关。

② 标准振动应力的选择。

在用 ZJ-3A 型 d_{33} 准静态测试仪测定压电振子的压电应变系数时，有两种标准振动应力可供选择：

a. 若将应力选择"×1"挡，表示标准振动应力为 250N，对应的压电应变系数的范围为 $d_{33}>100$PC/N；

b. 若将应力选择"×0.1"挡，表示标准振动应力为 25N，对应的压电应变系数的范围为 $d_{33}<100$PC/N。

测量时，根据压电振子压电应变系数所在的范围，选择合适的标准振动应力。

③ 仪器校核

a. 将"力-测量"转换开关置于"力"挡。调节应力旋钮，使液晶显示屏上的数字为 250 或 25.0；将"力-测量"转换开关置于"测量"挡，调节校准旋钮，使液晶显示屏上的读数为"000"或"00.0"。

b. 将"力-测量"转换开关置于"力"挡，将 PE 标准试样置于测量夹具上，调节应力旋钮，使液晶显示屏上的数字为"250"或"25.0"；将"力-测量"转换开关置于"测量"

挡，此时液晶显示屏上的读数应该为"000"或"00.0"，若读数不为零，则调节校准旋钮，使读数为零。

c. 将"力-测量"转换开关置于"力"挡，同时应力选择"×1"挡，将标准的 PZT 压电陶瓷试样置于夹具上，调节应力旋钮，使液晶显示屏上的数字为"250"，然后将"力-测量"转换开关置于"测量"挡，此时液晶显示屏上的读数应该为"300"左右，若读数相差太大，则仪器有可能失效，需要查明原因及时检修。

④ 压电应变系数测定

a. 仪器校准后，将标准振动应力打到所需的应力挡（"×1"或"×0.1"）。

b. "力-测量"转换开关置于"力"挡，将待测试样置于夹具上，调节应力旋钮，使液晶显示屏上的数字为"250"或"25.0"。

c. 将"力-测量"转换开关置于"测量"挡，此时液晶显示屏上的读数即为压电振子在这一点上的压电应变系数 d_{33}。

d. 重复步骤 b、c，测定压电振子其他点上的压电应变系数 d_{33}。

e. 取各点 d_{33} 的平均值作为压电振子的压电应变系数。

f. 测定其他压电振子的压电应变系数时，只需重复上面的步骤 b～e 即可。

压电振子的压电系数是有符号区别的，即有"+"和"-"之分。若测量时，只需知道压电系数的绝对值，则无论符号是"+"或"-"都不影响性能的测试。但有些时候，符号是"+"还是"-"非常重要。这时，应该分清压电系数符号"+"和"-"与极化方向的关系。为了不至于混淆，建议在测定振子的压电应变系数时，沿极化方向，使压电振子极化时的正极向上将振子置于夹具上进行测量。

⑤ 测量完毕后，关闭设备电源，将实验台整理干净。

5. 电滞回线测试

① 打开仪器电源，预热 15min。

② 将测试样品放入夹具中。

③ 根据要求打开测试程序，按程序要求操作，得到电滞回线。

6. 居里温度测试

① 连接设备：将精密控制高温炉与 TH28161LRC 电桥或 HN4294 阻抗分析仪连接到一起。

② 放置样品：将待测样品放入高温炉，调节使其处于炉温稳定的中部位置。

③ 预热 TH2816LRCC 电桥或 HP4294 阻抗分析仪。

④ 升降温曲线，应保证取样温度点的保温时间不少于 2min，最高温度高于居里温度 100℃以上，降温的最终温度低于居里温度 100℃以上。

⑤ 测试设定温度下的电容率 C。

⑥ 实验结束，关掉所有设备的电源，等炉温降至室温时再取出样品。

⑦ 处理数据，绘制 C-T 及 C^{-1}-T 曲线，获得居里温度。

7. 损耗频率曲线、阻抗频率、介电频率谱测试

① 打开电源，进行系统补偿，可依次进行 open、short、load 和 low-loss 补偿，保存补偿数据到内存中。

② 将夹具 HP16453A 接到测试台上进行夹具补偿［同步骤①］。

③ 设置活动通道。

④ 设置机理：先设置扫描频率，再设置 OSC 电平。

⑤ 设置每个通道的测试参数，输入样品的厚度参数。

⑥ 设置显示模式：平面坐标、极坐标、复平面坐标、史密斯圆等。

⑦ 若显示器上显示的数据太小，可以用 AutoScale 来自动调节。

⑧ 打开 Marker 功能。

⑨ 保存数据到磁盘，可复制数据，也可复制图形。

⑩ 取下样品，卸下夹具，关掉电源。

五、数据记录及处理

① 做出测试频率与损耗的关系曲线。

② 极化电压、极化温度及保压时间与对介电常数的关系曲线。

六、注意事项

① 所有设备的使用均应按照操作规程执行，设备运行过程中应有专人看管并且不得擅自离开。

② 材料极化过程中，因为使用的是高压，在开机前一定要检查接线是否正常、安全，地线是否接好，测试夹具一定要全部没入油浴中，以保证操作安全进行。

③ 材料极化过程中，当材料被击穿时，蜂鸣器鸣叫，仪器自动卸压，但蜂鸣器鸣叫时并不代表材料已被击穿，有时是假击穿。

④ 严格按操作规程操作使用仪器，不得随便触摸仪器和高压线。

⑤ 对于 HP4294 和 HP4291B 阻抗分析仪，需要注意以下几点：

a. 必须进行补偿，补偿时注意一定要拧紧；

b. 要求试样 $d \geqslant 15\text{mm}$、$\varphi < 3\text{mm}$，试样要牢牢夹在夹具中；

c. 中止扫描频率不得大于 1MHz 或 1GHz；

d. 要真正将数据保存到内存中，需按 Backup Memory 键。

七、思考题

① 压电系数的物理意义是什么？

② 压电材料对损耗的要求是什么？

③ 从阻抗频率曲线可获得哪些信息？

④ 不同应用领域的压电材料对介电常数的要求是什么？

实验 12　锶铋钛铁电陶瓷粉体的快速制备实验

一、实验目的

掌握锶铋钛 $SrBi_4Ti_4O_{15}$（SBTi）铁电陶瓷粉体的快速制备过程。

二、实验基本原理

超细粉末这一概念提出于 20 世纪 60 年代，粉末粒度要求小于 $0.1\mu m$，故又称做纳米粉体。由于大的比表面积、高的催化活性，超细粉末能够表现出普通粒子所不具备的磁学、光学、电学、力学和化学活性等特性，具有十分广泛的用途。制备纳米粉体的方法主要有固相法、气相法和液相法。

1. 固相法

固相法主要包括盐类直接热分解法、水热法（固-液反应）和自蔓延合成法（固-气反应）3 种制粉方法。固相法的工艺过程、优缺点及应用见表 1。对纳米粉体质量要求不高时，通常选用经济的热分解法；对纳米粉体的形态、尺寸及其分布范围，尤其是团聚体性质要求很高时，最佳选择是水热法。自蔓延合成法设备和工艺简单、成本低、生产效率高、无环境污染、能耗较低，一般不需要补充能量。但是这 3 种方法在制备复合陶瓷纳米粉体方面均存在难以克服的困难。

表 1　固相法制备纳米粉体

方法	工艺过程	优点	缺点
盐类直接热分解法	对盐类直接加热分解	工艺简单、成本低	易团聚，原料纯度要求高
水热法	高压釜中，一定温度和压力下金属或金属化合物与水直接反应生成金属氧化物粉末	不需经过前驱体热分解，轻团聚，颗粒尺寸小且分布范围窄	反应条件苛刻，成本高
自蔓延合成法	对于放热反应，点火后形成燃烧波并以极快的速度传播下去	耗能低，效率高	反应难以控制，制备复合粉末困难

2. 气相法

气相法（气-气反应）主要包括以下几种。

（1）气相沉积法

制备多组分复合纳米粉体困难，是由于不同组分蒸汽压不同。

（2）气相分解法

所需组分需同在起始原料中，经分解反应可制备出尺寸较小（小于 100nm）的纳米粉体。

（3）气相反应法

气体组分之间经等离子体或激光直接加热反应制得所需的纳米粉体。

它们共同的优点是纳米粉体粒度细、无硬团聚；可制备碳化物、氮化物、氧化物、硅化物和硼化物等多种纳米粉体。缺点是制备多组分复合纳米粉体难度大；设备成本高、投资大。

3. 液相法

液相法（液-液反应）主要包括溶剂蒸发法、化学共沉淀法和溶胶-凝胶法。液相法主要用于制备氧化物纳米粉体，是近几年应用最多的方法。液相法的工艺过程、优缺点及应用见表 2。

表 2　液相法制备纳米粉体

方法	工艺过程	优点	缺点
溶剂蒸发法	直接加热溶剂使其溶质过饱和析出，再经烘干、煅烧制得所需纳米粉体	工艺简单，成本低	易团聚，由于组分溶解度不同，溶质析出顺序不同，均匀性差
化学共沉淀法	首先配制可溶性金属离子盐溶液，加入沉淀剂形成不溶性化合物，经过滤、干燥、煅烧即制得所需纳米粉体	纯度高、成分均匀、可控，粒度小、分布窄，可通过乙醇洗涤法、表面活性剂法、冷冻干燥法等解决团聚问题	易团聚，如增加附加工艺会增加成本，水洗过滤使回收率降低
溶胶-凝胶法	利用金属醇盐的水解、聚合得到无机高分子聚合体，经凝胶固化、干燥、煅烧制得所需纳米粉体	纯度高，烧结活性高，化学成分均匀，团聚轻，颗粒尺寸小	原料昂贵、成本高，醇盐的水解、聚合速度不同导致组分不均匀、工艺复杂不易操作

目前溶胶-凝胶法逐渐与自蔓延燃烧法相结合，在制备纳米粉体方面有广阔的应用前景。由于溶胶-凝胶法具有反应温度低、反应时间短、反应产物尺寸小、粒度均一、反应过程易控制等优点，使得该方法广泛应用于光纤维、生物、玻璃、陶瓷等材料的制备上，尤其在纳米材料的制备上。自蔓延燃烧法是在外部作用的触发下点燃反应物，反应物在放热反应的条件下继续燃烧，最后制备出所需要的材料的一种制备方法。溶胶凝胶-自蔓延燃烧制备粉体的方法结合了溶胶-凝胶法以及低温自蔓延燃烧法的优点，既能制得纳米粉体，又可以在较低的温度下进行反应，具有其他方法无法比拟的优点，是最近几年发展起来的一种纳米粉体制备技术，已在多种材料的制备中应用。

三、实验设备和材料

采用溶胶-凝胶法制备 $SrBi_4Ti_4O_{15}$ 粉体，选用的原料及试剂如表 3 所列。

表 3　原料及试剂

原料名称	分子式	分子量	纯度	备注
钛酸丁酯	$Ti(OC_4H_9)_4$	340.36	化学纯	上海试剂三厂
乙酸锶	$Sr(CH_3COO)_2 \cdot 0.5H_2O$	214.72	分析纯	国药集团上海化学试剂公司
硝酸铋	$Bi(NO_3)_3 \cdot 5H_2O$	485.07	分析纯	北京益利精细化学品有限公司
乙二醇	$HOCH_2CH_2OH$	62.07	分析纯	天津市广成化学试剂有限公司
乙酰丙酮	$CH_3COCH_2COCH_3$	100.12	化学纯	天津市大茂化学试剂厂

四、实验步骤与方法

化学式为 $SrBi_4Ti_4O_{15}$ 的钙钛矿结构多晶纳米粉体快速制备方法，以乙酰丙酮、钛酸四丁酯、乙酸锶、硝酸铋、乙二醇为原料，采用溶胶-凝胶法合成，具体步骤如图 1 所示。

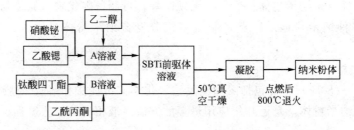

图 1　$SrBi_4Ti_4O_{15}$ 多晶纳米粉体的制备工艺流程

① 以钛酸四丁酯和乙酰丙酮按照体积比为 1:1 的比例配制 A 溶液：乙酰丙酮缓缓滴入钛酸四丁酯溶液中，将混合后盛溶液的容器置于 0℃ 的冰水中，并不断地搅拌混合液；将混合好的溶液继续搅拌 12h，得到澄清黄褐色透明的 A 溶液。

② 按照 77g 硝酸铋、6g 乙酸锶加入到 100mL 溶剂乙二醇中的比例配置 B 溶液：硝酸铋和乙酸锶加入乙二醇后，搅拌 12h，得到澄清透明的 B 溶液。

③ 将 B 溶液缓缓加入同样体积的 A 溶液中，同时利用盐酸调节 pH 值，使溶液的 pH=3；将混合后的溶液充分搅拌 48h，得到淡黄色的溶液 C。

④ 将溶液 C 置于真空干燥箱中干燥，干燥温度为 60~80℃。

⑤ 将干燥得到的凝胶在马弗炉中点燃，同时通入纯氧，制得完全燃烧的淡黄色粉体。

凝胶是含有大量有机物的黏稠状固体，在较低的温度下可以自蔓延燃烧，在燃烧过程中会产生大量的气体，使胶体体积膨胀，破坏硬团聚和氢键的产生，因此粉体具有比较好的分散性，疏松多孔，粒度比较细。另外，反应是在低温下进行的，避免了高温杂相的出现，因而产物的纯度较高。

将干凝胶粉体置于电阻炉中缓慢升温到 800℃ 保温 1h 得到 SBTi 超细粉体，在缓慢的升温过程中，颗粒之间进行的反应比较充分，晶粒完成了传质和长大的过程，因此可以形成比较大的晶粒，得到的粉体的粒径也比较大。如果保温时间过长容易形成硬团聚的颗粒；如果保温时间比较短，得到的粉体反应不充分，直接影响下一步所制备的陶瓷的各种性能。

五、数据记录与处理

① 测试不同烧结温度下粉体的粒度分布。

② 对比快速制备粉体方法与普通常规制备粉体方法所得产品粒度的不同。

六、实验注意事项

① 混合溶液时为了防止温度过高，应对溶液及时降温。

② 钛酸四丁酯容易水解，在实验过程中注意水分的带入。

七、思考题

为什么快速制备粉体法所得到的产品的粒度较细？

实验 13 钙锶铋钛铁电薄膜的制备实验

一、实验目的

掌握钙锶铋钛 $Ca_{0.4}Sr_{0.6}Bi_4Ti_4O_{15}$（CSBT）铁电薄膜的制备过程。

二、实验基本原理

本实验采用溶胶-凝胶（Sol-gel）法在 $Pt/Ti/SiO_2/Si$ 基片上制备 $Ca_{0.4}Sr_{0.6}Bi_4Ti_4O_{15}$ 铁电薄膜。以乙酰丙酮、钛酸四丁酯、乙酸锶、硝酸钙、硝酸铋、乙二醇为原料，采用溶胶-凝胶法，经过旋涂镀膜、热分解和高温退火得到一定厚度的薄膜。

薄膜制备技术的发展对于铁电薄膜的制备与应用起到了至关重要的作用。自从 20 世纪 80 年代以来，铁电薄膜的制备技术得到了重大突破，铁电薄膜的应用也得到了很大发展。根据成膜的机理不同，铁电薄膜的制备方法可以分成两大类：一类为物理方法，包括射频溅射法、脉冲激光沉积法和分子束外延等方法；另一类为化学方法，包括溶胶-凝胶法、水热法、金属有机热分解法和化学气相沉积法等方法。

目前，铁电薄膜最常用的制备技术主要有金属有机物热分解法、溶胶-凝胶法、化学气相沉积法、脉冲激光沉积法和射频溅射法等。

1. 射频溅射法

入射粒子在靶中经历了复杂的散射过程，和靶原子碰撞，把部分动量传给靶原子，此靶原子又和其他的靶原子相碰撞，形成级联过程。在这种级联过程中，某些表面附近的靶原子获得向外运动的足够能量，离开靶从而被溅射出来。

相对于真空蒸发镀膜，溅射镀膜具有如下特点：

① 对于任何待镀材料，只要能够做成靶材，就可以实现溅射，可实现溅射复合薄膜；

② 溅射所获得的薄膜与基片结合较好；

③ 溅射所获得的薄膜纯度高，致密性好；

④ 溅射工艺可重复性好，膜厚可以控制，同时可以在大面积基片上获得厚度均匀的薄膜。

溅射存在的缺点是：溅射过程沉积速率低，基片会受到等离子体的辐照等作用而升温。

射频溅射系统的外貌几乎与直流溅射系统相同。两者最重要的差别是射频溅射系统需要在电源与放电室间配备阻抗匹配网。在射频溅射系统中，基片接地也是很重要的，由此避免不希望的射频电压在基片表面出现。

由于射频溅射可在大面积基片上沉积薄膜，从经济的角度考虑，射频溅射镀膜是非常有意义的。利用溅射法已制得了性能良好的 $SrBi_2TaNbO_9$、$(Bi, La)Ti_3O_{12}$ 等铁电薄膜。

2. 激光沉积法

近年来，脉冲激光沉积法（PLD）制备薄膜成为一种受到普遍关注的薄膜制备新技术。脉冲激光沉积是将脉冲激光束聚焦在固体靶面上，超强功率的激光使得靶材物质快速等离子化，然后溅镀到基片上。PLD 的系统设备简单，相反，它的原理却是非常复杂的物理现象。它涉及高能量脉冲辐射冲击固体靶时激光与物质之间的所有物理相互作用，也包括等离子羽状物的形成，其后已熔化的物质通过等离子羽状物到达已加热的基片表面的转移，以及最后的膜生成过程。所以，PLD 一般可以分为以下四个阶段：激光辐射与靶的相互作用、熔化物质的动态、熔化物质在基片的沉积和薄膜在基片表面的成核（nucleation）与生成。

PLD 制备薄膜的优点如下：

① 由于激光光子能量很高，可溅射制备很多困难的镀层：如高温超导薄膜、陶瓷氧化物薄膜、多层金属薄膜等；PLD 可以用来合成纳米管、纳米粉末等；

② PLD 可以非常容易地连续熔化多个材料，实现多层膜制备；

③ PLD 可以通过控制激光能量和脉冲数，精密地控制膜厚。

利用脉冲激光沉积法技术已成功制备了 $Sr_{m-3}Bi_4Ti_mO_{3m+3}$、$BaBi_4Ti_4O_{15}$ 及 $Bi_4Ti_3O_{12}$-$SrBi_4Ti_4O_{15}$ 等铋层状钙钛矿结构铁电薄膜。

3. 化学气相沉积法

化学气相沉积（CVD）是制备各种各样的薄膜材料的一种重要和普遍使用的技术，利用这一技术可以在各种基片上制备元素及化合物的薄膜。CVD 一般包括以下过程：①表面吸附；②配合基的热解或还原丢失；③原子的沉积。已沉积的原子或分子可催化上述分解或还原过程，促进所需原子团簇的生长。

化学气相沉积相对于其他制备方法具有许多优点：它可以准确地控制薄膜的组分及掺杂水平使其组分具有理想的化学配比；可以在复杂形状的基片上沉积薄膜；由于许多反应可以在大气压下进行，系统不需要昂贵的真空设备；化学气相沉积的高沉积温度会大幅度地改善晶体的结晶完整性；可以利用某些材料在熔点或蒸发时分解的特点而得到其他方法无法得到的材料；沉积过程可以在大尺寸基片或多基片上进行；实验中很多参数可以单独控制，比如衬底的晶体结构、反应总气压及各分压、反应温度等。

化学气相沉积的缺点是化学反应需要高温；反应气体会与基片或设备发生化学反应；在化学气相沉积中所使用的设备可能较为复杂，且有许多量需要控制。

利用化学气相沉积法已成功地制备了 $Bi_{4-x}La_xTi_3O_{12}$、$Bi_4Ti_3O_{12}$ 等铋层状钙钛矿结构铁电薄膜。

4. 溶胶-凝胶法

溶胶-凝胶法制备铁电薄膜是将含有一定量的金属醇盐和其他有机或无机金属盐配制成溶液，经过水解和聚合过程形成均匀的前驱体溶液。利用匀胶或提拉等方法将前驱体溶液均匀地涂覆在基片上。再经低温烘干除去有机物与水分，高温退火处理得到具有一定晶相结构的无机薄膜。重复以上过程可增加膜的厚度。溶胶-凝胶法的优点是可精确控制组分计量比，易于进行掺杂，退火温度要求较低，设备简单，操作方便，不需要真空条件。利用溶胶-凝胶法已成功地制备了 $PbBi_4Ti_4O_{15}$、$Bi_{3.4}Eu_{0.6}Ti_3O_{12}$ 等铋层状钙钛矿结构铁电薄膜。

其基本原理是：一些易水解的金属化合物在某有机溶剂中形成溶胶，经过水解与缩聚而形成湿凝胶，再经干燥、预烧热分解，除去凝胶中残余的有机物和水分，最后通过热处理形成所需要的薄膜材料。

制备过程可分为水解反应和缩聚反应两个过程。

（1）水解反应

金属醇盐吸收水分作用生成含羟基金属醇化物单体，其化学反应式为：

$$M(OR)_n + xH_2O \longrightarrow (RO)_{n-x}—M—(OH)_x + xROH$$

式中，M 代表金属元素，R 代表烷烃基。反应连续进行直至 $M(OR)_n$ 生成。

（2）缩聚反应

缩聚反应可分为失水反应和失醇反应：

$$(OR)_{n-1}—M—OH + HO—M—(OR)_{n-1} \longrightarrow (OR)_{n-1}—M—O—M—(OR)_{n-1} + H_2O$$

或 $(OR)_{n-1}—M—OH + HO—M—(OR)_{n-1} \longrightarrow (OR)_{n-1}—M—O—M—(OR)_{n-1} + ROH$

缩聚反应的结果是生成 M—O—M 桥氧键，形成二维和三维网络结构的聚合物，随着网络结构的发展，流动性降低，黏度增加，形成凝胶。一般定义 $H_2O/M(OR)_n$ 物质的量之比为水解度，表示功能水的相对量。对于配好的溶胶，随着水解度的增大，成胶时间缩短。这是因为在水解反应中，$M(OR)_n$ 中的一个 OR 基团被 OH 取代后，剩余的 OR 基团的反应活性低于首先被取代的 OR 基团。水量不足时，水解速度慢且不完全，生成水解度最低的产物 $(RO)_n—M—OH$，然后聚合成 $(OR)_{n-1}—M—O—M—(OR)_{n-1}$；当水分过量时，有彻底的水解反应发生，生成较大颗粒沉淀。

三、实验设备和材料

本文采用溶胶-凝胶法制备 CSBT 薄膜，实验过程中选用的原料及试剂如表 1 所列，采用的实验设备仪器如表 2 所列。

表 1　原料及试剂

名称	分子式	分子量	纯度	产地
钛酸丁酯	$C_{16}H_{35}O_4Ti$	340.36	分析纯	国药集团化学试剂有限公司
硝酸铋	$Bi(NO_3)_3 \cdot 5H_2O$	485.07	分析纯	天津市福晨化学试剂厂
乙酸钙	$Ca(CH_3COO)_2 \cdot 4H_2O$	230.18	分析纯	天津博迪化学试剂有限公司
乙酰丙酮	$C_5H_5O_2$	100.12	分析纯	北京益利化学品有限公司
乙二醇	$HOCH_2CH_2OH$	62.07	分析纯	天津市光成试剂有限公司
乙二醇甲醚	$HOCH_2CH_2OCH_2$	76.56	分析纯	北京新华化学试剂厂
无水乙醇	CH_3CH_2OH	46.07	分析纯	济南试剂总厂
乙酸锶	$Sr(CH_3COO)_2$	205.63	分析纯	天津广成化学试剂有限公司

表 2　设备表

名称	型号	产地
快速退火炉	RT-300	北京
电热板	DB-ⅢA	北京
匀胶机	KW-4A	北京

四、实验步骤与方法

（1）前驱体溶液的制备

以硝酸铋[$Bi(NO_3)_3 \cdot 5H_2O$]、乙酸锶[$Sr(CH_3COO)_2 \cdot 0.5H_2O$]、乙酸钙[$Ca(CH_3COO)_2 \cdot 4H_2O$]和钛酸四丁酯[$Ti(OC_4H_9)_4$]分别作为 Bi、Sr、Ca 和 Ti 的离子源，其中硝酸铋过量 10%，以乙二醇作为溶剂，用乙酰丙酮[$C_5H_8O_2$]来螯合钛酸四丁酯。采用溶胶-凝胶法，按照化学组成式 $Ca_{0.4}Sr_{0.6}Bi_4Ti_4O_{15}$ 配制溶液，通过充分搅拌，制得 CSBT 前驱体溶液。其

中主要反应及原理如下。

① 钛酸四丁酯的水解反应：

$$Ti(OC_4H_9)_4 + H_2O \longrightarrow Ti(OC_4H_9)_3(OH) + C_4H_9OH$$

或者 $$Ti(OC_4H_9)_4 + xH_2O \longrightarrow (OC_4H_9)_{4-x}-Ti-(OH)_x + xC_4H_9OH$$

② 缩聚反应：

$$(OC_4H_9)_3-Ti-OH + HO-Ti-(OC_4H_9)_3 \longrightarrow$$
$$(OC_4H_9)_3-Ti-O-Ti-(OC_4H_9)_3 + H_2O$$

或者 $(OC_4H_9)_3-Ti-OH + Ti(OC_4H_9)_4 \longrightarrow$
$$(OC_4H_9)_3-Ti-O-Ti-(OC_4H_9)_3 + C_4H_9OH$$

③ 硝酸铋的水解反应：

$$Bi(NO_3)_3 + H_2O \longrightarrow Bi(NO_3)(OH)_2 + HNO_3$$

④ 乙酸锶的水解反应：

$$Sr(CH_3COO)_2 + H_2O \longrightarrow Sr(OH)(CH_3COO) + CH_3COOH$$

⑤ 乙酸钙的水解反应：

$$Ca(CH_3COO)_2 + H_2O \longrightarrow Ca(OH)(CH_3COO) + CH_3COOH$$

由上看出，钛酸四丁酯、硝酸铋、乙酸锶和乙酸钙进行水解反应，溶液中形成 Ti—O、Bi—O、Sr—O、Ca—O 金属氧键。在充分地搅拌混合中，Bi—O、Sr—O、Ca—O 键可部分取代钛聚合物中的丁氧键（—OC_4H_9），而形成复合金属—氧—金属桥氧键，得到均匀的溶胶。

为保证制备溶胶的稳定性常用乙酰丙酮作为稳定剂，少量乙酸作为催化剂。乙酰丙酮与钛酸四丁酯发生螯合反应，将 $Ti(OC_4H_9)_4$ 的烷氧基置换。失去丁氧基 [—C_4H_9] 的 $(OC_4H_9)_4Ti$ 变得相对较为稳定，使得工艺过程比较容易控制。主要发生如下反应：

$$Ti(OC_4H_9)_4 + nC_5H_8O_2 \longrightarrow (C_5H_8O_2)_nTi(OC_4H_9)_{4-n} + nC_4H_9OH$$
$$(C_5H_8O_2)_nTi(OC_4H_9)_{4-n} + (4-n)H_2O \longrightarrow (C_5H_8O_2)_nTi(OH)_{4-n} + (4-n)C_4H_9OH$$

图 1 为 CSBT 溶胶的制备工艺流程。

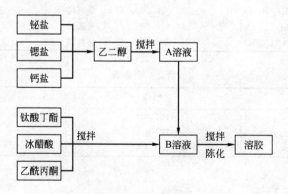

图 1 CSBT 溶胶的制备工艺流程

（2）旋涂镀膜

用 KW-4A 型台式匀胶机在 $Pt/TiO_2/SiO_2/Si$ 基片上进行匀胶，使前驱体溶液均匀涂覆在衬底上。

（3）热分解（预热处理）

将得到的湿膜烘干后进行热分解，使薄膜上的有机溶剂充分挥发，形成 CSBT 非晶薄膜。

（4）高温退火

采用快速退火工艺，使非晶膜转变成晶态膜。

重复上述匀胶和热处理过程，直至得到所需厚度的薄膜。

五、数据记录与处理

① 测试不同匀胶速度下薄膜的厚度与结构。

② 测试不同退火温度下薄膜的结构。

六、实验注意事项

在实验过程中防止水分的带入，使溶液产生水解。

七、思考题

退火温度和匀胶速度对薄膜结构的影响有哪些？

实验 14　钙锶铋钛铁电厚膜的制备实验

一、实验目的

掌握钙锶铋钛 $Ca_{0.4}Sr_{0.6}Bi_4Ti_4O_{15}$ （CSBT）铁电厚膜的制备过程。

二、实验基本原理

溶胶的改进主要是改变其成分或状态，使之有利于成膜。根据加入物质不同，可将其分为粉末-溶胶法和添加有机物溶胶法。

（1）粉末-溶胶法

粉末-溶胶法是将任何方向都不连续的纳米粉体分散到三维连续的母体中，然后用形成的均匀、稳定的悬浊液制备厚膜的方法，故也称 0-3 型复合法。Barrow 等首次提出这种制备厚膜材料的方法，Corker、Dorey 等后来又进行了改进。粉末-溶胶法的机理为：纳米粉体与溶胶混合后，前驱体溶液中存在羟基官能团。制备的非晶态膜经过热处理，薄膜、纳米粉体和基片形成强有力的连接键，使三者牢固地结合在一起，从而形成致密的 0-3 型厚膜。另外，纳米粉体的存在使悬浊液中的有效成分增加，非晶态膜中溶胶相对量减少，在干燥和热处理过程中体积收缩程度也减小。

粉末-溶胶法在制备铁电厚膜材料中得到了广泛的应用。Zhai 等制备了不同厚度的 BZT 铁电厚膜，并研究了工艺参数对厚膜质量和铁电性能的影响。Dorey 等用 PMNZTU 微粉和 PZT 溶胶配制粉末-溶胶，在较低的烧结温度下获得 PZT/PMNZTU 复合厚膜材料。尽管粉末-溶胶法具有设备简单、可重复性好、制备的膜厚度大以及低温条件下成膜等优点，但关键的问题是如何获得均匀、稳定的悬浊液。因为悬浊液不稳定，制备的厚膜表面粗糙度大、电性能差，而且也不利于 MEMS 加工工艺的进行。稳定悬浊液的制备，首先制备纳米粉体，其次还要控制纳米粉体的团聚，可以将纳米粉体先分散到极性溶液中，让其吸附电荷而互相排斥来避免团聚。另外，对纳米粉体进行表面改性，也可进一步分散。此外纳米粉体的加入量、纳米粉体的结晶状况以及制备工艺等都会影响厚膜质量。

（2）添加有机物溶胶法

添加有机物溶胶法是在溶胶中加入可以增大溶胶黏度的有机试剂或能提高其成膜性的有机物以便增加单层膜厚，以此获得厚膜的方法。

研究表明，有机物所起的作用可分为两类。一类是作为溶剂，用来增加溶胶中有效成分浓度。例如 Mine 等以丙二醇等醇类有机物为溶剂，制备了 PZT 厚膜材料。Yi 等以异己辛酸作为 $Pb(Zn_{1/3}Nb_{2/3})O_3$（PZN）溶胶的稳定剂，制备了厚度为 $10\mu m$ 的 PZN 铁电厚膜材料。另一类是能缓解薄膜热处理过程中产生的应力，抑制裂纹的产生。例如聚乙烯吡咯烷酮（PVP）能够有效地抑制裂纹产生。机理（见图 1）为：PVP 是含有氨基的有复杂两极性分子结构的有机聚合物，含有极性的氨基基团以及非极性的亚甲基和次亚甲基基团。PVP中所含有的 C═O 能够与 OH 基进行分子级别的氢键合，并于裂纹处起连接的作用，增加了膜的弹性，减小了缩孔时由于应力而产生裂纹的可能性。另外热分解是在高温下完成的，对抑制溶液的缩合反应过程、延缓结构松弛过程都有好处。因此，添加PVP能减小厚膜中的应力，抑制热分解和结晶过程中裂纹的产生。

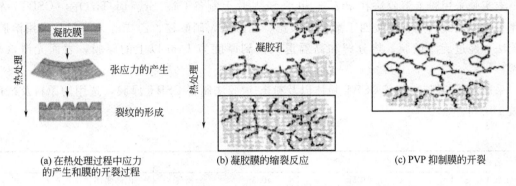

(a) 在热处理过程中应力　　　(b) 凝胶膜的缩裂反应　　　(c) PVP 抑制膜的开裂
的产生和膜的开裂过程

图 1　聚乙烯吡咯烷酮（PVP）能够有效地抑制裂纹产生的机理

在铁电膜材料的制备过程中，热处理工艺影响着薄膜的结晶状态和膜的表面质量。普通 Sol-gel 法热处理过程中，升温和降温速率过快容易引起薄膜开裂；升温和降温速率过慢则容易引起结构松弛，此时可能不产生裂纹，但会消耗较长的时间，使得膜的制备效率低。改进后的热处理工艺法有一步烧结法、快速成膜法等，并成功制备了铁电陶瓷厚膜材料。

① 一步烧结法　在 Sol-gel 法制备铁电膜材料的热处理过程中，由于经过溶剂挥发、有机碳化物燃烧和膜的晶化等阶段，因而常常采用阶段保温。一步烧结法的热处理工艺是快速升温到铁电膜材料的晶化温度，使得有机物的挥发、碳化、分解等阶段同时发生，只进行一次退火处理便得到晶态膜。

2000 年，Pu 等首先提出一步烧结法制备铁电厚膜材料。可制得单层膜厚为 $0.4\sim0.7\mu m$ 的 PZT 厚膜，非晶态膜直接置于 $600\sim700℃$ 的电热板上处理 10min，最终制得的 PZT 厚膜厚度为 $5.2\mu m$，其结晶状况、微结构、铁电以及介电性能都比较优良。采用一步烧结法热处理工艺，可以提高成膜效率。但是如果膜的厚度较小，则结晶阶段可能会出现多种结晶取向，分析其原因可能是固态粒子彼此间以及同基底材料结合得不够紧密，导致在结晶时出现多种结晶取向。随着膜厚和热处理时间的增加，晶粒最终会表现出受衬底材料诱导生长的结晶取向来。

② 快速成膜法　快速成膜法即层层退火法。它是缩短普通的热处理工艺过程中膜材料的热分解时间和退火时间，使单层成膜时间减少，从而提高效率，短时间内获得铁电中厚膜的方法。

溶胶-凝胶法制备铁电厚膜常用的成膜技术有浸渍提拉法和旋转涂覆法等，制备厚膜需要重复地干燥和成膜，效率低且不宜制备大面积的厚膜。成膜技术的改进只是改变沉积方法，目前主要有雾化术、丝网-印刷术、界面聚合术和简单喷绘术等。界面聚合术是将前驱体溶液置于两种互不相溶的液体界面，前驱体溶液在此发生聚合反应形成溶胶，然后将底层的液体除去，以此来得到不受底层限制的凝胶膜。界面聚合术最初使用在制备硅酸盐玻璃上，后来 Ozawa 采用此法成功地制备了 PZT 铁电厚膜材料。这一技术适用性广，对膜的化学成分没有限制，且不需要昂贵的真空设备，还可以一次性制备所需厚度的厚膜。同时，制备膜分布均匀，大大减少了热处理过程中膜开裂的概率。

以上成膜技术的改进有利于更好地制备铁电厚膜材料，缺点是这些技术需基于制备起来可能很复杂的图案基板或精心设计的装置。

三、实验设备和材料

本实验采用粉末溶胶法在 $Pt/Ti/SiO_2/Si$ 基片上制备 $Ca_{0.4}Sr_{0.6}Bi_4Ti_4O_{15}$（CSBT）铁电厚膜。以乙酰丙酮、钛酸四丁酯、乙酸锶、乙酸钙、硝酸铋、乙二醇为原料，采用溶胶-凝胶法，经过旋涂镀膜、热分解和高温退火得到厚度为 $1\mu m$ 以上的厚膜，表面光滑，不开裂。

采用溶胶-凝胶法制备 CSBT 粉体以及粉末-溶胶法制备 CSBT 厚膜，选用的原料及试剂如表 1 所列。

表 1　原料及试剂

名称	分子式	分子量	纯度	产地
钛酸丁酯	$C_{16}H_{35}O_4Ti$	340.36	分析纯	国药集团化学试剂有限公司
乙酰丙酮	$C_2H_5O_2$	100.12	分析纯	北京益利化学品有限公司
乙酸钙	$Ca(CH_3COO)_2 \cdot 4H_2O$	230.18	分析纯	天津博迪化学试剂有限公司
乙酸锶	$Sr(CH_3COO)_2$	205.63	分析纯	天津广成化学试剂有限公司
硝酸铋	$Bi(NO_3)_3 \cdot 5H_2O$	485.07	分析纯	天津市福晨化学试剂厂
乙酸	CH_3COOH	60.05	分析纯	国药集团（上海）化学试剂公司
无水乙醇	CH_3CH_2OH	46.07	分析纯	济南试剂总厂
聚乙烯吡咯烷酮	$-(C_5H_9O)_n-$	30000	分析纯	北京新华化学试剂厂
乙二醇	$HOCH_2CH_2OH$	62.07	分析纯	天津市光成试剂有限公司
丙酮	CH_3COCH_3	58.08	分析纯	天津市大茂化学试剂厂

采用溶胶-凝胶法制备 CSBT 粉体以及粉末-溶胶法制备 CSBT 厚膜，选用的实验设备如表 2 所列。

表 2　实验设备

名称	型号	产地
快速退火炉	RT-300	北京
匀胶机	KW-4A	北京
电热板	DB-ⅢA	北京
箱式电阻炉	SX2-12-16	湖南

四、实验步骤与方法

1. 纳米粉体的合成工艺

以溶胶凝胶-自蔓延燃烧法制备 CSBT 纳米粉体，以乙酸钙[$Ca(CH_3OO)_2 \cdot H_2O$]、乙酸锶[$Sr(CH_3OO)_2 \cdot 0.5H_2O$]、硝酸铋[$Bi(NO_3)_3 \cdot 5H_2O$]和钛酸四丁酯[$Ti(OC_4H_9)_4$]分别作为 Ca、Sr、Bi 和 Ti 的离子源，乙二醇作溶剂。按照化学组成式 $Ca_{0.4}Sr_{0.6}Bi_4Ti_4O_{15}$ 将乙酸钙、乙酸锶、硝酸铋溶于乙二醇，乙酰丙酮溶于钛酸四丁酯中充分搅拌，再将混合均匀的上述两种溶液充分搅拌，得到淡黄色的透明溶液。在 50℃下、真空干燥箱中干燥 10 天左右，直至形成深黄色凝胶，将凝胶在坩埚中点燃，取最终的黄色粉末，然后在 800℃下进行热处理得到复合氧化物粉体。其制备工艺流程如图 2 所示。

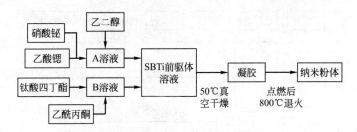

图 2 $Ca_{0.4}Sr_{0.6}Bi_4Ti_4O_{15}$ 粉体的合成工艺流程

2. 悬浊液的制备

配制悬浊液所使用的原料有：以溶胶凝胶-自蔓延燃烧法制备的 CSBT 纳米粉体作分散相，以 CSBT 溶胶作分散介质。

CSBT 厚膜的表面形貌与悬浊液的质量直接相关。如果悬浊液不稳定，容易导致纳米粉体大团聚。大团聚在厚膜的热处理过程中由于与周围厚膜所受的应力不一致，从而会导致厚膜出现严重的开裂现象。稳定的且分散均匀的悬浊液容易得到晶粒发育良好、表面平整无裂纹的厚膜。

3. 粉末溶胶法制备厚膜工艺

（1）稳定悬浊液的制备

以乙酸钙 $[Ca(CH_3OO)_2 \cdot H_2O]$、乙酸锶 $[Sr(CH_3OO)_2 \cdot 0.5H_2O]$、硝酸铋 $[Bi(NO_3)_3 \cdot 5H_2O]$ 和钛酸四丁酯 $[Ti(OC_4H_9)_4]$ 分别作为 Ca、Sr、Bi 和 Ti 的离子源，乙二醇作溶剂，加入 PVP。用乙酰丙酮螯合钛酸四丁酯来抑制水解。按照化学组成式 $Ca_{0.4}Sr_{0.6}Bi_4Ti_4O_{15}$ 将乙酸钙、乙酸锶、硝酸铋溶于乙二醇，乙酰丙酮溶于钛酸四丁酯中充分搅拌，再将混合均匀的上述两种溶液充分搅拌，得到 CSBT 前驱体溶液。最后将制备好的纳米粉体加入到此溶胶中制备稳定的悬浊液。

（2）基片的清洗

基片先在丙酮中超声清洗 10min；取出后用去离子水清洗；再放入乙醇中超声清洗 10min；最后在去离子水中超声清洗 10min；清洗完后直接在匀胶机上甩干，然后在热板上烘干。

（3）旋涂镀膜

用 kW-4A 型台式匀胶机在 $Pt/TiO_2/SiO_2/Si$ 基片上甩膜 40s，使悬浊液均匀涂覆在基片上。

（4）热分解

在热板上进行热分解，使厚膜上的有机溶剂挥发，形成 CSBT 非晶薄膜。

（5）退火

采用层层退火工艺（特点为上一层可以作为下一层的籽晶粒），在快速退火炉中不同退火温度下使非晶膜转变成晶态膜。

重复上述匀胶、热处理及退火过程，直至得到所需厚度的厚膜。

整个制备 CSBT 厚膜的工艺流程如图 3 所示。

五、数据记录与处理

① 测试不同粉体粒度厚膜的结构。

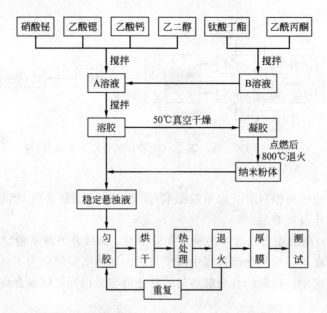

图 3   粉末-溶胶法制备铁电厚膜的工艺流程

② 测试不同退火温度下厚膜的结构。

六、实验注意事项

在干燥溶胶时注意干燥温度，防止剧烈挥发、溶液飞溅。

七、思考题

① 粉体的粒度对厚膜表面形貌的影响有哪些？
② 匀胶速度对厚膜表面形貌的影响有哪些？

实验 15　镍酸镧衬底材料的制备实验

一、实验目的

掌握 $LaNiO_3$（简称 LNO）衬底材料的制备过程。

二、实验基本原理

目前被广泛应用作为电极层和过渡层的是 Pt 金属薄膜，然而经研究发现热处理工艺过程能够使 Pt 电极和铁电薄膜层之间常常产生界面效应，使铁电薄膜产生疲劳现象，严重地降低了铁电存储器的寿命，而在钙钛矿结构的导电金属氧化物上制备钙钛矿铁电薄膜可以明显改善铁电薄膜的抗疲劳特性。$LaNiO_3$（简称 LNO）薄膜就是这类导电金属氧化物薄膜，且具有良好的结构稳定性和导电性，特别是具有立方结构，可以和具有钙钛矿结构的铁电材料实现晶格匹配。因此在 LNO 衬底上制备 CSBT 薄膜，旨在一方面利用 LNO 薄膜的导电性取代 Pt 金属薄膜，以降低薄膜材料的制备成本；另一方面，利用 LNO 与钙钛矿结构的铁电材料的匹配关系，让 LNO 作为缓冲层，促进 CSBT 薄膜的择优取向生长，进一步改善 CSBT 薄膜的电性能。

目前制备钙钛矿结构的铁电薄膜常选的衬底材料有：$Si(100)$、Pt、$SrTiO_3$、$LaNiO_3$、$YBaCuO_7/LaAlO_3$、$LaAlO_3$、MgO、$(La，Sr)CoO_3/SrTiO_3$ 等。李建康采用溶胶凝胶法，在 $Pt(111)/Ti/SiO_2/Si$、$LNO/Si(100)$ 和 $LNO/Pt/Ti/SiO_2/Si$ 三种衬底上制备出了具有不同择优取向的 $Pb(Zr_{0.52}Ti_{0.48})O_3$ 铁电薄膜。Masaru Shimizu 用 $PbTiO_3$ 作为缓冲层制备出了具有 $Si(100)$ 择优取向的 PZT 薄膜，结果表明要控制薄膜样品的定向择优生长，可以通过改变缓冲层的择优取向生长来实现。这种方法主要是先在基片上沉积具有一定择优取向的薄膜作为籽晶层，让这个籽晶层成为所制备的薄膜样品的晶粒成核中心，在一定程度上控制薄膜样品的晶粒在此处重排，使晶粒沿着与基片晶格结构相似的方向进行择优取向生长，以制备出高度择优取向的铁电薄膜材料，并且籽晶层也有助于薄膜样品的晶化温度降低。

底电极材料对铁电薄膜材料的择优取向生长也有一定的影响。为了使制备的薄膜样品具有较好的结构和优良的性能，一般制备薄膜材料所选取的底电极材料应满足以下要求：①底电极材料与所制备的薄膜样品之间要有比较好的附着力；②具有较好的热稳定性，底电极材料应能够在高温环境中承受热冲击而不被氧化；③薄膜样品与底电极材料之间不发生明显的化学反应，并且底电极材料能够防止氧的进入以及氧与衬底间的相互扩散，等等。Pt 电极因具有电阻率小、抗高温氧化、能够较好地与大规模集成电路相容等特点，是铁电薄膜的良好电极材料。但由于 Pt 电极存在内扩散，特别是存在极化疲劳现象，又使它的应用受到了一定的限制。近些年人们研究了一些导电氧化物电极，如 RuO_2、$SrRuO_3$、$(La，Sr)CuO_4$、$Yba_2Cu_2O_2$ 等，它们的晶体结构与铁电薄膜相类似，能够较好地实现与铁电薄膜之间的匹配，而且它们的热稳定和导电性较好，可以促进铁电薄膜的择优取向生长，从而进一步改善铁电薄膜的疲劳特性。目前在众多导电氧化物电极中，$LaNiO_3$（LNO）氧化物薄膜首选用来制备铁电薄膜材料底电极和缓冲层。

三、实验设备和材料

利用溶胶-凝胶法在不同的前驱体浓度、热分解温度、退火温度、退火时间和厚度等工艺条件下，在 Si（100）衬底上制备具有一定取向的 LNO 氧化物薄膜。

本实验利用溶胶-凝胶法制备 $LaNiO_3$ 氧化物薄膜，首先要选择制备前驱体溶液所需的原料，所用原料如表 1 所列；制备设备及分析仪器如表 2 所列。

表 1　原料及试剂

名称	分子式	相对分子质量	纯度	产地
硝酸镧	$La(NO_3)_3 \cdot 6H_2O$	433.01	分析纯	国药集团化学试剂有限公司
冰醋酸	CH_3COOH	60.05	分析纯	国药集团(上海)化学试剂公司
乙二醇	$HOCH_2CH_2OH$	62.07	分析纯	天津市光成试剂有限公司
醋酸镍	$Ni(CH_3COO)_2 \cdot 4H_2O$	248.86	分析纯	广东汕头市西陇化工厂

表 2　制备设备及分析仪器

名称	型号	产地
快速退火炉	RT-300	北京
电热板	DB-ⅢA	北京
匀胶机	KW-4A	北京
四探针测试仪	SDY-4	北京

四、实验步骤与方法

1. 基片的处理

① 先将 Si(100) 基片置于盛有丙酮的烧杯中，然后将烧杯放入超声波清洗器中振动清洗 10min。

② 10min 后将 Si(100) 基片取出，用去离子水冲洗三次，再将其放入盛有乙醇溶液的烧杯中，放入超声波清洗器中振动清洗 10min。

③ 10min 后将 Si(100) 基片取出，用去离子水冲洗三次，再将其放入盛有去离子水的烧杯中，放入超声波清洗器中振动清洗 10min。

④ 将清洗后的洁净 Si(100) 基片置于干燥箱中烘干备用。

2. 薄膜的制备

（1）LNO 前驱体溶液的制备

以硝酸镧[$La(NO_3)_3 \cdot 6H_2O$]、醋酸镍[$Ni(CH_3COO)_2 \cdot 4H_2O$]分别作为 La、Ni 的离子源，用冰醋酸和乙二醇为溶剂，按照化学 $LaNiO_3$ 组成式配制溶液，将配好的溶液放在磁力搅拌器上经过充分搅拌得到均匀透明的 $LaNiO_3$ 前驱体溶液。

（2）旋涂镀膜

将干净的衬底放置于匀胶机上，打开真空泵将其吸牢，用胶头滴管吸取适量配制好的前驱液滴加于衬底的表面上，为了使涂覆在衬底上的前驱体溶液比较均匀，打开匀胶机以一定的速度旋涂镀膜 20s。

（3）薄膜的热分解（预热处理）

将匀胶后得到的湿膜放在一定温度的热板上烘干，然后将烘干后的干膜放入快速退火炉中在一定温度下热分解一定时间，使前驱体中的水和有机溶剂充分分解挥发，形成非晶态的薄膜。

（4）薄膜的高温退火

采用层层快速退火工艺，非晶膜在一定的温度下快速退火一定的时间，使非晶态的薄膜结晶转变成为晶态膜。

多次重复上述旋涂镀膜、薄膜的热分解和薄膜的高温退火，直至得到制备的薄膜样品达到所需厚度。薄膜制备的工艺流程如图 1 所示。

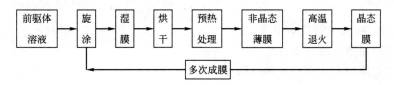

图 1　薄膜制备工艺流程

五、数据记录与处理

① 测试不同匀胶速度对 LNO 衬底取向的影响。
② 测试不同退火温度对 LNO 衬底取向的影响。

六、实验注意事项

LNO 对退火温度比较敏感，注意退火温度对 LNO 晶体结构的影响。

七、思考题

如何制备具有 Si(100) 取向的 LNO 衬底材料？

实验 16　铁酸铋薄膜的制备及铁电性能测试

一、实验目的

① 了解溶胶-凝胶法的基本原理。
② 掌握铁酸铋薄膜的制备方法。
③ 了解铁电薄膜材料的功能和应用前景。
④ 理解什么是铁电体，理解掌握电滞回线及其测量原理。
⑤ 熟练操作铁电测试仪。

二、实验基本原理

1. 背景知识

铁电材料是具有铁电效应的一类特殊的电介质材料，这种材料由于晶胞中正负电荷中心不重合使得它在一定温度内具有自发极化的现象。当一定的外电场施加在铁电材料上时，材料的自发极化会随外电场强度的变化而发生非线性变化，表征二者关系的曲线就称为电滞回线，如图 1 所示。电滞回线能够直观展示出材料的铁电性能。

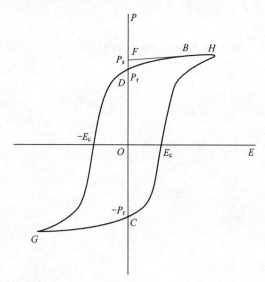

图 1　铁电材料的电滞回线

铁酸铋是一种室温下具有铁电性的无铅材料，其具有简单的钙钛矿结构，常温下其氧八面体绕体对角线旋转一定的角度，形成扭曲的钙钛矿斜六面体结构。铁酸铋之所以受到科研人员的广泛关注是因为其居里温度（Curie temperature，$T_C = 830℃$）和奈尔温度（Neel temperature，$T_N = 370℃$）均在室温之上，即铁酸铋在室温下同时具有铁电性（ferroelectricity）和反铁磁性（antiferromagnetism），这在众多铁电和铁磁材料中是极为特殊的，其具有巨大的科研和应用价值。如广泛应用于铁电存储器、铁电电容器、铁电场效应管、压电传感器、压电执行器、压电发电机、微型压电马达、压电表面生波器件等。

2. 基本原理

（1）溶胶-凝胶法的基本原理

溶胶-凝胶法的过程是将金属盐或者金属有机物按一定比例溶解在有机溶剂中制成前驱体溶液，前驱体溶液再经过水解过程、聚合过程成为具有一定黏度的溶胶，溶胶通过旋转、提拉等方法变成湿膜，湿膜在常温或者加热状态下成为凝胶，凝胶再经过高温退火就成为晶体膜。

（2）溶胶凝胶法制备薄膜的过程

① 前驱体溶液的配制　将金属盐和所需要的其他无机盐或有机盐按一定的化学计量比溶解在有机溶剂中，同时加入螯合剂充分搅拌。

② 溶胶在基片上的涂覆　前驱体溶液经过水解、聚合过程后形成溶胶，将溶胶采用旋转涂抹法、浸涂法、提拉法等方法将溶胶涂覆在基片上，形成湿膜。

③ 湿膜的凝胶化　将湿膜放置在常温或者加热的环境中，湿膜就会转化成凝胶膜，称为干膜。

④ 干膜的结晶化　将得到的干膜在 400℃ 左右的温度下处理一段时间，挥发掉有机物或残余的水分，再经过高温退火得到结晶膜。

（3）铁电性能测试的基本原理

检测薄膜铁电性能的工作原理主要基于 Sawyer-Tower 电路，如图 2 所示。加于示波器垂直偏转板上的电压与极化强度 P 成正比，加在水平偏转板上的电压与加在铁电体上的电场 E 成正比，电源采用交流电压，每变化一个周期便在示波管的荧光屏上显示出电滞回线。

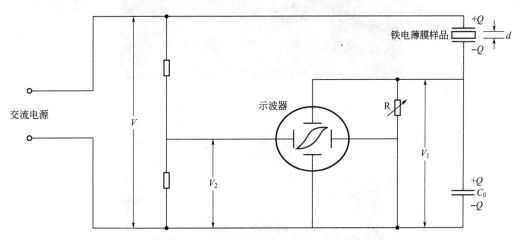

图 2　Sawyer-Tower 电桥工作原理示意图

采用 Radiant Technologies 生产的 Multiferroic 型标准铁电测试系统来检测 BFO 薄膜的铁电性能。电学性质的测试通常采用金属-铁电薄膜-金属（MFM）的电容器结构。由于所制备的铁电薄膜样品是沉积在具有底电极的衬底材料上的，所以只需要采用 Au 作为顶电极，通过掩模板，利用直流溅射工艺，将 Au 溅射到铁电薄膜上。如图 3 所示，利用掩模板制得的上电极面积为 $0.02mm^2$。在测试中为消除样品测试电极的非对称性的影响，均采用双电极进行电学测试。

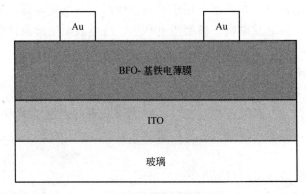

图 3   BFO 铁电电容器的结构

三、实验设备和材料

（1）实验设备

烧杯、移液管、匀胶机（见图 4）、电热板（见图 5）、快速退火炉（见图 6）、小型离子溅射仪、铁电性能测试仪、除湿机、加湿器等。

图 4   KW-4A 型台式匀胶机

图 5   DB-ⅡA 型电热板

图 6　RTP-500 型快速退火炉

（2）实验材料

硝酸铋、硝酸铁、乙二醇、冰醋酸、乙酰丙酮、ITO/glass 等，所用试剂均为分析纯。

四、实验步骤与方法

① 制备铁酸铋薄膜。

a. 前驱体溶液的配制　以硝酸铋 $Bi(NO_3)_3 \cdot 5H_2O$ 和硝酸铁 $Fe(NO_3)_3 \cdot 9H_2O$ 为原料，以乙二醇和冰醋酸为溶剂，以乙酰丙酮为螯合剂，按照 $BiFeO_3$ 化学计量比精确称取 $Bi(NO_3)_3 \cdot 5H_2O$ 和 $Fe(NO_3)_3 \cdot 9H_2O$ 粉末，其中 $Bi(NO_3)_3 \cdot 5H_2O$ 需有适当过量，将弥补高温退火过程中 Bi 元素的挥发。两者混合后溶于冰醋酸和乙二醇的混合液中，在室温下用磁力搅拌器搅拌 8h 至粉末完全溶解，然后在溶液中加入螯合剂乙酰丙酮，将混合后的溶液在室温下搅拌 12h，最终形成一定浓度的、均匀、透明、稳定的溶液，将所得溶液在 25℃下老化 24h，得到所需前驱体溶液。

b. 衬底的预处理　将 ITO/glass 衬底依次用丙酮、无水乙醇和去离子水各超声清洗 15min 以去除某些有机污染物和颗粒污染，清洗完成后，用匀胶机甩掉衬底上的水分，然后置于 250℃的电热板上烘干 180s，最后放入快速退火炉中在 450℃条件下预处理 180s，以去除衬底材料中存在的残余应力，将处理好的衬底置于干净的培养皿中，注意保持干燥和清洁。

c. 薄膜的制备　将步骤 a. 得到的前驱体溶液利用匀胶机旋转涂膜至步骤 b. 所得的衬底表面上，涂膜结束后快速置于 250℃的电热板上烘干，时间为 60s，将烘干后的薄膜放入快速退火炉中退火，退火工艺为先在 350℃下预处理 180s，然后在 550℃下退火 300s。

d. 薄膜加厚　重复步骤 c. 直到获得所需厚度的薄膜。

② 使用离子溅射仪溅射 Au 电极，具体步骤如下。

a. 顺时针方向转动电源开关（Power），关闭放气阀门，溅射仪进入工作状态，真空泵开始排出样品室内的空气。

b. 观察溅射仪真空指示表头（Vacuum），待真空表头指示优于 10Pa 后，首先使用机器左侧充气针将溅射室真空度稳定在 2×10^{-1} mbar。选择溅射时间后按下红色按钮 S/H。

c. 旋转溅射仪面板上的 DC Sputtering 旋钮来调整保持溅射电流的大小，由于溅射电流的大小跟试样室内的真空压强有关，也可用机箱左侧的充气针阀来调整溅射室内的压强以控制溅射电流的大小（一般溅射电流以控制在不大于 20mA 为宜）。

d. 待溅射时间完成后，逆时针方向调整溅射电流控制旋钮（DC Sputtering）为零，顺时针关闭充气针阀。

③ 将已经溅射好 Au 电极的 BFO 薄膜样品放在铁电测试仪的探针台上，移动探针台在光学显微镜下找到样品，调整显微镜的焦距及放大倍数以确保能够清楚地观察到 Au 电极，然后调整三维可调探针座，将探针扎在样品的电极上。

④ 使用 Vision 软件测试材料的铁电性能，具体操作步骤如下。

a. 开机后启动应用程序 Vision。

b. 新建任务，选择 File 菜单下的 New Dataset，输入相应文件及标识名称，或者选择 Open Dataset 打开已有任务。

c. 从右下角 Task Library 选择测试任务 Hysteresis（QL），拖拽至右上角 Editor 栏。

d. 进行参数设置，仔细检查以免参数错误损伤样品。

e. 确认无误后在 Editor 栏点右键选择 Test Definition to Current Data Set，将编辑好的任务移至左侧已经打开的文件栏。

f. 在左侧文件栏点右键 Excute Current Test Definition，或者按 F1 快捷键执行测试。

g. 测试界面左下角显示测试过程，测试过程中请勿对计算机进行其他操作。

h. 测试结束后点开左侧"＋"符号，选择 Experiment data 查看并导出测试结果。

五、数据记录与处理

溶胶凝胶法制备铁酸铋陶瓷薄膜

实验人员　　　　　　　　　　实验日期　　　　　　　　　　天气温度、湿度

试样编号	配料					工艺参数				
	冰醋酸 /mL	乙二醇 /mL	乙酰丙酮 /mL	硝酸铋 /mL	硝酸铁 /mL	转速 /(r/min)	预处理温度/℃	预处理时间/s	退火温度 /℃	退火时间 /s
1										
2										
3										
4										
5										
6										

铁电性能测试结果记录表

试样编号	试样名称	$P_s/(\mu C/cm^2)$	$P_r/(\mu C/cm^2)$	$E_r(kV/cm)$	P_r/P_s
1					
2					
3					
4					
5					
6					

六、实验注意事项

① 实验所用试剂含酸、碱，过程中有高温处理过程，请在实验前做好相应的安全防护措施。

② 所用试剂，在实验前均须检查受潮情况，以免影响实验结果。

③ 试剂称量过程中要严格按照计量比，精确到万分位。

④ 退火炉在使用过程中务必确保冷却水的打开。

⑤ 测试前需仔细检查仪器接线是否正确，避免因接线错误导致测试结果错误或损坏仪器；不要随意更改机器后面板接线，以及配置。

⑥ 离子溅射仪在工作中严禁旋开试样室充气阀充气，溅射电流不宜大于 20mA，溅射仪连续工作不得超过 10min。

七、思考题

① 实验过程中溶液为棕红色的原因有哪些？

② 溶胶-凝胶法制备陶瓷薄膜的优缺点有哪些？

③ 铁电体的电滞回线和温度有无关系，为什么？

④ 影响铁电薄膜性能的主要因素是什么？

实验 17　微波介质陶瓷的制备工艺和介电性能

一、实验目的

① 了解微波介质陶瓷的制备过程和注意事项。
② 了解微波介质陶瓷的介电性能特点并掌握测量方法。

二、实验基本原理

微波介质陶瓷（MWDC）是指应用于微波频段（主要是 UHF、SHF 频段，300MHz～300GHz）电路中作为介质材料并完成一种或多种功能的陶瓷，是近年来国内外对微波介质材料研究领域的一个热点方向。这主要是为了适应微波移动通信的发展需求。微波介质陶瓷是近 20 年来迅速发展起来的一类新型功能陶瓷，它具有微波损耗低、介电常数适中、频率温度系数小等优异的微波介电性能，在微波电路系统中发挥着介质隔离、介质波导以及介质谐振等功能，不仅可以用作微波电路中的绝缘基片材料，也是制造微波介质滤波器和谐振器的关键材料，广泛应用于微波和移动通信领域。

随着微波技术设备向小型化与集成化，尤其是向民用产品的大产量、低价格方向发展，微波介质陶瓷的研究与实用化也取得了长足的进步。近几年来，对微波介质陶瓷的研究十分活跃，是功能陶瓷材料领域的研究热点之一。目前研究主要集中在以下几个方面：新型微波介质材料开发；通过掺杂取代、工艺改进以及粉体改性来获得更加优异的性能；微波介质陶瓷的低温烧结技术；微波陶瓷材料的应用性研究。

微波器件包括微波谐振腔、滤波器、振荡器、微波集成电路基片、元件、介质天线、输出窗、衰减器、匹配终端、行波管夹持棒等。器件的高性能化、小型化与其所采用的介电材料直接相关。在研究与应用过程中，通过不断改进器件的特点，根据理论分析和实际应用中的认识，逐渐了解到微波介质陶瓷材料需要具备以下几个性能要求。

① 高的介电常数，ε_r 在 20～200 之间，以减小器件尺寸；在共振的电介质体系内，微波波长 λ 与 $\varepsilon_r^{-1/2}$ 成正比。在同样谐振频率下，ε_r 越大，电介质中微波波长越小，相应的谐振器件尺寸越小，电磁能量易集中在电介质内，受周围环境的影响小。这既有利于介质谐振器件的小型化，也有利于其商品化。对于电介质陶瓷来说，ε_r 是一个非常重要的参数，根据用途的不同，对 ε_r 的要求不同，通常要求 $\varepsilon_r > 10$。

② 在 -50～$+100$ 谐振频率范围内温度系数 τ_f 应尽可能小，保证其在 $\pm 30 \times 10^{-6}{}^\circ\text{C}^{-1}$ 以内，以确保高的频率稳定性：微波介质谐振器一般是以介质材料的某种谐振模式下的谐振频率为中心工作频率的。如果谐振频率温度系数过大，微波器件的中心频率将会产生较大的漂移，从而使器件无法稳定工作。近于零的谐振频率温度系数是微波介质陶瓷材料研究者较为关心的微波介电性能之一，对温度系数可调性的探索使得许多新微波介电陶瓷（MWDC）

得以开发。

③ 在微波频段，介质损耗要小。在微波频段下，介电损耗要小，即介质的品质因子（$Q=1/\tan\delta$）要高。使用低损耗的介质材料可以改善谐振器件的品质因子，对稳频用的谐振器来说，高 Q 可以提高谐振频率控制精度，抑制回路中的电子噪声。对滤波器来说，高 Q 可以提高通带边缘信号频率，相应陡度提高频带的利用率。在工作频率下，$Q>1000$ 即可满足基本的应用要求。此外，对于在某种具体条件下工作的微波介质陶瓷，除了满足以上介电性能要求外，也要考虑到材料的传热系数、绝缘电阻、相对密度和可加工性等因素，同时，材料还应该具有良好的物理稳定性、化学稳定性，并且热膨胀系数小、机械强度大，材料表面、内部缺陷应尽可能少。

三、实验设备和材料

实验材料：原材料根据制备的材料而定。

实验设备：电子天平、分析天平、蒸馏水制取机、行星式球磨机、SB 手动式压片机、电热鼓风恒温干燥箱、红外干燥箱、SX2-12-17 高温箱式电阻炉、AV2782 型精密 LCR 测试仪、DWB2-6 高低温实验箱等。

其他：蒸馏水、电极银浆、玛瑙球磨罐、玛瑙研钵、玛瑙、ZrO_2 磨球等。

四、实验步骤与方法

1. 微波介质陶瓷的制备、性能测试和微观分析流程（见图 1）

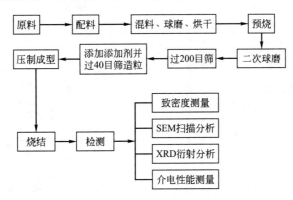

图 1　微波介质陶瓷的制备、性能测试和微观分析流程

按化学计算式计算配料比。这种计算主要用于合成料的配制，如合成 $BaTiO_3$、$SrTiO_3$ 等。设原料纯度为 100%，化学计算式中各原料的摩尔数为 X_1、X_2、$X_3\cdots X_i$，各原料分子量为 M_1、M_2、$M_3\cdots M_i$，则配料中各原料质量为 $W_1=X_1\times M_1$、$W_2=X_2\times M_2$、$W_3=X_3\times M_3\cdots W_i=X_i\times M_i$，各原料的质量分数计算公式为：

$$g_1=\frac{w_1}{\sum w_i}\times 100\%,\ g_2=\frac{w_2}{\sum w_i}\times 100\%,\ g_3=\frac{w_3}{\sum w_i}\times 100\%\cdots g_i=\frac{w_i}{\sum w_i}\times 100\%$$

若考虑实际原料的纯度 P，则各原料的实际质量应为上述计算式除以相应原料的纯度，即

$$w'=\frac{w}{p}$$

2. 试样的性能测量

微波介质陶瓷主要测试的性能指标有：体积密度、介电常数、品质因数、频率温度系数。

（1）体积密度

用阿基米德排水法测量。测量时先将试样两面仔细研磨后，清洗干净，然后干燥至恒重。在分析天平上称量经干燥后的试样，记下数据 G_1。试样在沸腾的蒸馏水中煮 4h 后冷却 1h。取出试样，将试样放在细铜丝编制的网中（注意试样应浮在水中）悬挂在分析天平上称重 G_{21}，取出试样称网重 G_{22}。两者相减即为试样在水中的重量 $G_2 = G_{21} - G_{22}$。将试样表面的残余水分用湿毛巾吸干，在分析天平上称重即为试样的湿重 G_3。

$$体积密度 = G_1 / [(G_3 - G_2)/\gamma_水] \times 100\%$$

式中　G_1——干燥试样在空气中的质量；

　　　G_2——试样经充分吸水后在水中的表观质量，g；

　　　G_3——试样经充分吸水后在空气中的质量，g；

　　　$\gamma_水$——蒸馏水的密度（g/cm^3），取 1g/cm^3。

（2）介电常数 ε 和品质因数 Q

用 LCR 测试仪测量室温下的电容量 C_0 和介质损耗 tanδ。测量前要把试样磨平、清洗，然后在两个表面均匀地涂上银浆，在 800℃下烧银，保温时间为 15min。

使用游标卡尺测量试样的直径，用千分表测量试样的厚度。将被银的试样放在 LCR 测试仪的夹具中，读取 1MHz 下的电容量 C_0 和介质损耗 tanδ 或者品质因数 Q（品质因数 $Q = 1/\tan\delta$）。

介电常数：

$$\varepsilon_r = \frac{14.4C_0 h}{d^2}$$

式中　ε_r——相对介电常数；

　　　C_0——样品在室温下的电容量，pF；

　　　h——样品厚度，cm；

　　　d——样品直径，cm。

（3）频率温度系数 τ_f

用 LCR 测试仪和高低温实验箱测量介电常数温度系数 τ_c。频率温度系数测试装置如图 2 所示。

$$介电常数温度系数\ \tau_c = \frac{C_2 - C_1}{C_1(T_2 - T_1)}$$

式中　C_1——T_1 温度时的电容量；

　　　C_1——T_2 温度时的电容量。

频率温度系数：

$$\tau_f \approx \frac{\tau_c}{2} - \alpha$$

式中　α——热膨胀系数，约为 8.5×10^{-6}℃$^{-1}$。

五、数据记录与处理

① 测量材料的电容数据，然后计算出材料的介电常数 ε_r。

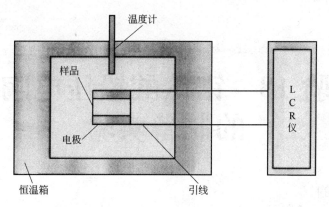

图 2　频率温度系数测试装置示意图

② 测试材料的介电常数温度系数 τ_c（室温～60℃），计算出材料的频率温度系数 τ_f。

六、实验注意事项

① 进行粉末的干燥，除去水分。注意不能对易于分解的材料进行干燥，温度一般为 100～110℃。称量时要先进行电子天平的调节，保证称量的精确性。

② 一般使用溶剂（如水、酒精等）助磨，但是粉料不能与助磨剂反应。且助磨剂和粉料的总量不能大于球磨罐的 2/3。主要的目的是进行粉末的混合，使各成分均匀化。一般工艺参数为行星式球磨机上湿磨 4h，球磨机转速 220r/min，料：球：酒精＝1：2：1。

③ 预烧后，进行球磨粉碎，粉碎要进行干磨，主要是进行烧结后的粉末细化。

④ 造粒就是在很细的粉料中加入一定塑化剂，制成粒度较粗，具有一定假颗粒度级配、流动性好的粒子。造粒时加入一定量的黏结剂，作用是使粉末易于成型，黏结剂的加入量与材料烧结的性能有很大的关系。黏结剂的加入量太少，不易成型，太多则排胶时不易完全排净而影响材料性能。本实验将质量比为 10％的 8％浓度的聚乙烯醇（PVA）加入到粉料中，使粘接剂与粉体混合均匀后，过 40 目筛。

⑤ 150MPa 压力模压成型。将造粒过筛后的粉料，置于直径为 10mm 的压片模具中，在压力机上单向加压，单向施压成 φ10mm×3mm 的薄片，压力为 16kN，保压时间为 1.0min。压片时应注意的是：把粉料放到模具中时，应尽量使粉体放平，以使粉体受力均匀，厚度均一。

⑥ 将压制成的片置于铺了一层该材料粉的耐火承烧板上进行烧结。烧结过程时要注意在一定温度下（500～600℃）进行充分排胶，排胶的质量与烧结后的性能有很大的关系，如果粘接剂不能完全排除，材料的成分就会发生变化，而不能达到试验要求的目的。

七、思考题

① 简述所制备的微波介质陶瓷材料的制备过程。

② 说明粉末进行预烧和两次球磨的目的。

实验 18 锆钛酸铅压电陶瓷的制备实验

一、实验目的

本实验主要是通过对具有压电性能的陶瓷材料 PZT（锆钛酸铅）的制备来掌握特种陶瓷材料的整个工艺流程，并掌握一定的性能测试手段。

二、实验基本原理

我们将具有压电效应的陶瓷称为压电陶瓷，而压电效应分为正压电效应和负压电效应。正压电效应：当对某些晶体施加压力、张力或切向力时，则发生与应力成比例的介质极化，同时在晶体两端面将出现数量相等符号相反的束缚电荷，这种现象称为正压电效应，如图 1 所示。逆压电效应：当在晶体上施加电场引起极化时，将产生与电场强度成比例的变形或机械应力，这种现象称为逆压电效应。

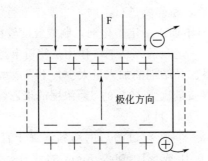

图 1 正压电效应示意图

注：实线代表形变前的情况；虚线代表形变后的情况。

自从 19 世纪 50 年代中期，由于钙钛矿的 PZT 陶瓷具有比 $BaTiO_3$ 更为优良的压电和介电性能，因而得到广泛的研究和应用。图 2 为 $Pb（Zr_xTi_{1-x}）O_3$ 体系的低温相图。在居里温度以上时，立方结构的顺电相为稳定相。在居里温度以下，材料为铁电相，对于富 Ti 组分（$0 \leqslant x \leqslant 0.52$）为四方相；而低 Ti 组分（$0.52 \leqslant x \leqslant 0.94$）为三方相。两种晶相被一条 $x = 0.52$ 的相界线分开。在三方相区中有两种结构的三方相：高温三方相和低温三方相，这两种三方相的区别在于前者为简单三方晶胞，后者为复合三方晶胞。在靠近 $PbZrO_3$ 组分（$0.94 \leqslant x \leqslant 1$）的地方为反铁电区，反铁电相分别为低温斜方相和高温四方相。

如图 3 所示，对于四方相，自发极化方向沿着六个 <100> 方向中的一个方向进行，而三方相的自发极化方向沿着八个 <111> 方向中的一个方向进行。由于自发极化方向的不同，在不同的晶体结构中产生不同种类的电畴，在四方相中产生 180° 和 90° 电畴，三方相中产生 180°、109°、71° 电畴。

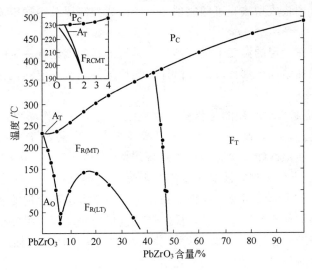

图 2　PZT 固溶体相图

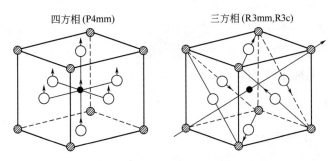

图 3　PZT 四方相和三方相的晶体结构

实验室制备 PZT 压电陶瓷的工艺路线为：

配方设计→PZT 粉体混合研磨制备→预烧→成型→排塑→烧结→上电极→极化→性能测试。

（1）PZT 粉体制备

PZT 压电陶瓷的粉体制备方法一般包括：固相法和液相法。传统固相法具有产量高、易于工艺控制等优点。液相法包括：溶胶-凝胶法、水热法以及沉淀法，沉淀法又包括分步沉淀法和共沉淀法。其中，溶胶-凝胶法和水热法研究得较多。

（2）预烧

混合后，压电陶瓷坯料一般以粉末或颗粒的形式进行煅烧，煅烧的目的一方面可以排出结合水、碳酸盐中的二氧化碳和可挥发物质；另一方面可以使组成中的氧化物产生热化学反应而形成所希望的固溶体；这样又减少了最后烧成体积的收缩。理想上，煅烧温度要选得高一些，使得能够发生完全反应；但太高的温度以后不容易研磨，且一些易挥发氧化物（如 Pb 的化合物）容易挥发造成比例失调。

（3）研磨

研磨可以使原先存在的不均匀性和煅烧产生的不均匀性得到改善。如果过粗，则陶瓷颗粒间会有大的空隙，同时降低烧结密度；如果太细，则其胶体性质可能妨碍后来的成型。

（4）成型

成型方法主要有注浆成型法、可塑成型法、模压成型法以及等静压成型法。

（5）排塑

成型后的制品要在一定的温度下进行排塑，排塑的目的就是在一定的温度下，除了使在成型过程中所加入的黏结剂全部挥发跑掉以外，还使坯件具有一定的机械强度。

（6）烧结

当前 PZT 陶瓷烧结主要采用的是传统固相烧结，它虽然操作简单，但由于烧结温度过高，存在着严重不足。首先，高温下 PbO 容易挥发损失，造成 PZT 材料化学组分不能精确控制，影响了材料的使用性能，同时增加了对环境的污染；其次，由于锆离子的活动性差，对富锆 PZT 陶瓷烧结十分困难，需要非常高的温度，导致设备要求和能耗增加。为克服以上不足，各国学者进行了大量研究，积极寻找先进的烧结方法和合理的烧结工艺。如改进的固相烧结；添加烧结助剂实现液相烧结；反应烧结（反应烧结即在组分相发生反应的同时致密化，粉体合成和烧结一步完成）；采用特殊装置和手段实现烧结（热压烧结是利用塑性流动、离子重排和扩散对材料进行致密化的烧结）。

三、实验设备和材料

原料准备：Pb_3O_4、TiO_2、ZrO_2 等。

实验设备：电子天平、粉末压片机、箱式电阻炉、成型模具、温度控制仪、准静态 d_{33} 测量仪、极化装置、阻抗分析仪等。

四、实验步骤与方法

1. PZT 粉料的称量与预烧

① 原料准备：Pb_3O_4、TiO_2、ZrO_2 等。

② 按照上个实验中所设计的配方，将原料在电子天平上进行称量。

③ 将称量好的原料倒入研钵中，加入适量酒精将原料混合均匀，并研磨到一定细度（大约 30min）。

④ 将混合好的粉料烘干，然后放入电炉中进行预烧。

预烧制度：室温～500℃，240℃/h；500～700℃，120℃/h，700℃ 保温 1h；700～900℃，120℃/h，900℃保温 2～3h。

达到保温时间后，关闭电炉电源，随炉冷却，炉温下降到 200℃以下，坯件即可出炉。

2. PZT 粉料的造粒与成型

① 将预烧好的粉料进行研磨（大约 30min），然后加入浓度为 5% 的聚乙烯醇（PVA）水溶液 3～4 滴，混合均匀后将其烘干。

② 用压片机将烘干的粉料压制成直径 10mm、厚度约 1.1mm 的圆片。要求圆片无裂纹、不分层，至少压成 4 片符合要求的圆片。

3. PZT 陶瓷的预烧排塑与烧结

将圆片放置在氧化铝坩埚板上，并用坩埚盖上，然后放入电炉中进行预烧排塑和烧结。预烧排塑和烧结是两个独立的工艺环节，预烧排塑后应该使样品完全冷却后再进行烧结工艺。

预烧排塑工艺制度如下。

升温速率：0～100℃，50℃/h；100～500℃，120℃/h；500～870℃，180℃/h。

预烧温度：870℃±10℃。

保温时间：2h，当达到保温时间后，关闭电源，随炉冷却至200℃以下，便可出炉。

烧结制度：烧结温度视配方不同而变化。烧结温度为（1200～1300）±30℃，保温时间为1～2h。升温速率控制在300℃/h。

4. PZT陶瓷的上电极与极化

用细砂纸将陶瓷片打磨平整光滑；在光滑的陶瓷表面上镀上电极，然后用耐压测试仪进行极化。

5. PZT陶瓷的电学性能测试

利用数字电桥测试陶瓷的电容量和介电损耗，利用准静态 d_{33} 测量仪测试样品的压电常数，利用阻抗分析仪测试样品的机电耦合系数 k_p 等。

介电常数采用的计算公式：$\varepsilon_r = 4Ct/\pi\varepsilon_0 d^2$

式中，C 为电容，F；t 为样品的厚度，m；d 为样品的直径，m；ε_0 为真空介电常数 8.85×10^{-12}，F/m。

注意事项：由于PZT陶瓷为含铅陶瓷，其烧结温度也较高，这样氧化铅在高温环境下具有相当高的饱和蒸气压，从而导致铅的挥发，其饱和蒸气压越高，铅挥发得越厉害，且随着锆/钛比的增加，氧化铅的饱和蒸气压逐渐增大，使铅挥发变得更为严重，从而造成化学组分偏离计量。

当前，对于铅挥发一般采取的措施如下。

在粉体合成时加入过量的铅。一方面为弥补由于铅挥发造成计量的偏离，使最终产品的组分接近化学计量；另一方面，过量铅的加入也可在烧结初期形成液相，以增加反应物的接触面积，加速锆、钛和掺杂物的扩散，提高制品的烧结致密性和均匀性。但铅的加入量应适量，太多或太少都将对最终产品的性能造成影响。

制得高活性的PZT粉体，以实现在较低温度下的致密化烧结，减少铅的挥发。

合理制定烧结制度，对烧结气氛（应为氧化气氛）和升温速率、烧结温度和时间进行最优化设计；另外在烧结时还应采取一定的措施，例如通常使用加入气氛片或合适的气氛粉体进行深埋试块，和采用双层坩埚进行套烧以减少铅的挥发。在PZT粉体的合成中，还存在一些不足：粉体团聚、化学配比的准确计量以及铅的损耗等。

五、数据处理与记录

利用数字电桥测试陶瓷的电容量和介电损耗，利用准静态 d_{33} 测量仪测试样品的压电常数，利用阻抗分析仪测试样品的机电耦合系数 k_p 等。

六、实验注意事项

极化陶瓷片时注意安全，严格按照规定执行。

七、思考题

简述压电常数 d_{33} 与极化的关系。

实验 19　铁磁性材料居里点的测定

一、实验目的

① 初步了解铁磁物质由铁磁性转变为顺磁性的微观机理。

② 学习 JLD-Ⅱ型居里温度测试仪测定居里温度的原理和方法。

③ 测定铁磁样品的居里温度。

二、实验基本原理

1. 磁介质的分类

在磁场作用下能被磁化并反过来影响磁场的物质称为磁介质。

设真空中原来磁场的磁感应强度为 B_0，引入磁介质后，磁介质因磁化而产生附加的磁场，其磁感应强度为 B'，在磁介质中总的磁感应强度是 B_0 和 B' 的矢量和，即 $B = B_0 + B'$。设 $\mu_r = \dfrac{B}{B_0}$，μ_r 称为介质的相对磁导率。根据实验分析，磁介质可分为：

① 顺磁质 $\mu_r > 1$，如铝、铬、铀等；

② 抗磁质 $\mu_r < 1$，如金、银、铜等；

③ 铁磁质 $\mu_r \gg 1$，如铁、钴、镍等。

铁磁性物质的磁性随温度的变化而改变。当温度上升到某一温度时，铁磁性材料就由铁磁状态转变为顺磁状态，即失去铁磁性物质的特性，这个温度称为居里温度，以 T_c 表示。居里温度是磁性材料的基本特征参数之一，它仅与材料的化学成分和晶体结构有关，而与晶粒的大小、取向以及应力分布等结构因素无关，因此又称它为结构不灵敏参数。测定铁磁材料的居里温度不仅对磁材料、磁性器件的研究和研制，而且对工程技术的应用都具有十分重要的意义。

2. 铁磁质的磁化机理

铁磁质的磁性主要来源于自由电子的自旋磁矩，在铁磁质中，相邻原子间存在着非常强的"交换耦合"作用，使得在没有外加磁场的情况下，它们的自旋磁矩能在一个个微小的区域内"自发地"整齐地排列起来，这样形成的自发磁化小区域称为磁畴。实验证明，磁畴的大小为 $10^{-12} \sim 10^{-8} \, \mathrm{m}^{-3}$，包含有 $10^{17} \sim 10^{21}$ 个原子。在没有外磁场作用时，不同磁畴的取向各不相同，如图 1 所示。因此，对整个铁磁物质来说，任何宏观区域的平均磁矩为零，铁磁物质不显示磁性。当有外磁场作用时，不同磁畴的取向趋于外磁场的方向，任何宏观区域的平均磁矩不再为零。当外磁场增大到一定值时，所有磁畴沿外磁场方向整齐排列，此时铁磁质达到磁化饱和，如图 2 所示。由于磁畴已排列整齐，因此，磁化后的铁磁质具有很强的磁性。

铁磁物质被磁化后具有很强的磁性，但这种强磁性是与温度有关的，随着铁磁物质温度

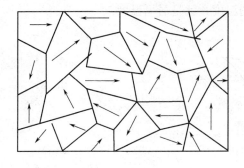

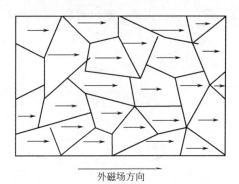

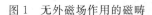

图 1 无外磁场作用的磁畴　　　　　　　　　　　图 2 在外磁场作用下的磁畴

的升高、金属点阵热运动加剧，会影响磁畴的有序排列。但在未达到一定温度时，热运动不足以破坏磁畴的平行排列，此时任何宏观区域的平均磁矩仍不为零，物质仍具有磁性，只是平均磁矩随温度的升高而减小。当温度达到一定值时，由于分子剧烈地热运动，磁畴便会瓦解，平均磁矩降为零，铁磁物质的磁性消失而转变为顺磁物质，与磁畴相联系的一系列铁磁性质（如高磁导率、磁致伸缩等）全部消失，磁滞回线消失，变成直线，相应的铁磁物质的磁导率转化为顺磁物质的磁导率。与铁磁性消失时所对应的温度即为居里温度。

3. 实验装置及测量原理

由居里温度的定义可知，要测定铁磁材料的居里温度，从测量原理上来讲，其测定装置必须具备四个功能：提供使样品磁化的磁场；改变铁磁物质温度的温控装置；判断铁磁物质磁性是否消失的判断装置；测量铁磁物质磁性消失时所对应温度的测温装置。

JLD-Ⅱ居里温度测试仪是通过如图 3 所示的系统装置来实现以上 4 个功能的。

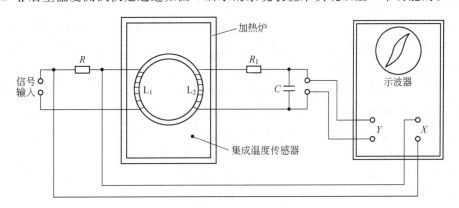

图 3 JLD-Ⅱ居里温度测试仪原理图

待测样品为一环形铁磁材料，其上绕有两个线圈 L_1 和 L_2，其中 L_1 为励磁线圈，给其中通入交变电流，提供使环形样品磁化的磁场。将绕有线圈的环形样品置于温度可控的加热炉中以改变样品的温度。将集成温度传感器置于样品旁边以测定样品的温度。

该装置可通过两种途径来判断样品的铁磁性消失情况。

（1）通过观察样品的磁滞回线是否消失来判断

铁磁物质最大的特点是当它被外磁场磁化时，其磁感应强度 B 和磁场强度 H 的关系是非线性的，也不是单值的，而且磁化的情况还与它以前的磁化历史有关，即 B-H 曲线为一闭合曲线，称为磁滞回线，如图 4 所示。当铁磁性消失时，相应的磁滞回线也就消失了（变成一条直线）。因此，测出对应于磁滞回线消失时的温度，就是居里温度。

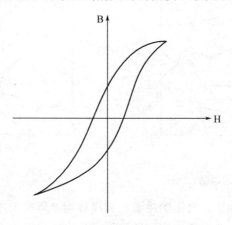

图 4　磁滞回线示意图

为了获得样品的磁滞回线，可在励磁线圈回路中串联一个采样电阻 R。由于样品中的磁场强度 H 正比于励磁线圈中通过的电流 I，而电阻 R 两端的电压 U 也正比于电流 I，因此可用 U 代表磁场强度 H，将其放大后送入示波器的 X 轴。样品上的线圈 L_2 中会产生感应电动势，由法拉第电磁感应定律可知，感应电动势的大小为：

$$\varepsilon = \frac{\mathrm{d}\phi}{\mathrm{d}t} = -k\frac{\mathrm{d}B}{\mathrm{d}t} \tag{1}$$

式中，k 为比例系数，与线圈的匝数和截面积有关。将式（1）积分得：

$$B = -\frac{1}{k}\int \varepsilon\,\mathrm{d}t$$

可见，样品的磁感应强度 B 与 L_2 上的感应电动势的积分成正比。因此，将 L_2 上感应电动势经过 $R_1 C$ 积分电路积分并加以放大处理后送入示波器的 Y 轴，这样在示波器的荧光屏上即可观察到样品的磁滞回线（示波器用 X-Y 工作方式）。

（2）通过测定磁感应强度随温度变化的曲线来推断

一般自发磁化强度 M_S（任何区域的平均磁矩）称为自发磁化强度，与饱和磁化强度 M（不随外磁场变化时的磁化强度）很接近，可用饱和磁化强度近似代替自发磁化强度，并根据饱和磁化强度随温度变化的特性来判断居里温度。用 JLD-Ⅱ 装置无法直接测定 M，但由电磁学理论知道，当铁磁性物质的温度达到居里温度时，其 $M(T)$ 的变化曲线与 $B(T)$ 曲线很相似，因此在测量精度要求不高的情况下，可通过测定 $B(T)$ 曲线来推断居里温度。即测出感应电动势随温度 T 变化的曲线，并在其斜率最大处作切线，切线与横坐标（温度）的交点即为样品的居里温度，如图 5 所示。

三、实验设备和材料

JLD-Ⅱ 型居里温度测试仪。

四、实验步骤与方法

1. 通过测定磁滞回线消失时的温度测定居里温度

① 用连线将加热炉与电源箱前面板上的"加热炉"相连接；将铁磁材料样品与电源箱

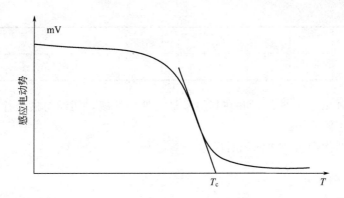

图 5　感应电动势-温度曲线

前面板上的"样品"插孔用专用线连接起来，并把样品放入加热炉；将温度传感器、降温风扇的接插件与接在电源箱前面板上的"传感器"接插件对应相接；将电源箱前面板上的"B输出"、"H输出"分别与示波器上的 Y 输入、X 输入用专用线相连接。

②将"升温-降温"开关打向"降温"。接通电源箱前面板上的电源开关，调节电源箱前面板上的"H 调节"旋钮，使 H 较大，调节示波器（工作方式取 X-Y 模式），其荧光屏上就显示出磁滞回线。

③关闭加热炉上的两风门（旋钮方向和加热炉的轴线方向垂直），将温度"测量-设置"开关打向"设置"，适当设定炉子能达到的最大温度。

④将"测量-设置"开关打向"测量"，将"升温-降温"开关打向"升温"，这时炉子开始升温，在此过程中注意观察示波器上的磁滞回线，记下磁滞回线变成近似水平的直线时显示的温度值，即测得了居里温度（注意电动势变化较快所对应的温度范围）。

⑤将"升温-降温"开关打向"降温"，并打开加热炉上的两风门（旋钮方向和加热炉的轴线方向平行），使加热炉降温。

2. 测量感应电动势随温度变化的关系

①根据步骤 1 所测得的居里温度值来设置炉温，其设定值应比步骤 1 所测得的 T_c 值低 2℃左右。

②将"测量-设置"开关打向"测量"，"升温-降温"开关打向"升温"，这时炉子开始升温，在表中记录感应电动势值随炉温的变化关系。（测量时温度从 40℃ 开始直至不变为止；感应电动势变化较快时，温度间隔要取小些。反之，则可以取大些。）

五、数据记录与处理

磁滞回线消失时所对应的温度值

样品编号			
T_c/℃			

感应电动势 ε 随温度的变化关系

T/℃										
ε'/mV										

$T/℃$										
ε'mV										

① 用坐标纸画出 ε-T 曲线，并在其斜率最大处作切线，切线与横坐标（温度）的交点即为样品的居里温度 T_c。

② 计算样品两次测量结果的相对误差。

六、实验注意事项

① 测量样品的居里点时，一定要让炉温从低温开始升高，即每次要让加热炉降温后再放入样品，这样可避免由于样品和温度传感器响应时间的不同而引起的居里点每次测量值的不同。

② 在测 80℃以上的样品时，温度较高，注意安全。

七、思考题

① 什么是居里温度？从 ε-T 曲线上，怎样确定居里温度？

② 什么是磁滞回线？磁滞回线的面积代表什么？

实验 20 化学法制备羟基磷灰石实验

一、实验目的

通过化学法制备羟基磷灰石来掌握纯度较高羟基磷灰石的整个工艺流程。

二、实验基本原理

羟基磷灰石是动物与人体骨骼的主要无机成分，是一种综合性能优异的生物医用材料。生物陶瓷具有良好的生物相容性、生物活性和化学稳定性，能与骨形成紧密的结合。大量的生物相容性试验证明羟基磷灰石无毒、无刺激、不致过敏反应、不致突变、不致溶血。纳米羟基磷灰石粒子由于颗粒尺寸的细微化，比表面积急剧增加等特点，具有和普通羟基磷灰石粒子不同的理化性能，如溶解度较高，表面能更大，生物活性更好等。目前，对纳米羟基磷灰石的应用研究，主要集中在以下几个方面：硬组织修复材料、独特的抗肿瘤材料，同时也是一种新型的药物/蛋白/基因载体。但是纳米羟基磷灰石生物优良特性发挥出来必须合成粒度分布均匀、单分散性好的羟基磷灰石超微粒子。

近年来已发展了多种制备纳米羟基磷灰石的工艺，其中共沉淀法是制备单分散超微粒子的一种极好的方法。在制备羟基磷灰石超细粉的应用中沉淀法具有制备工艺简单、制备条件易控制、副产物少、合成周期短和成本低等优点。

然而和其他纳米粒子一样，高表面活性和高表面积导致 HAP 纳米粒子非常容易团聚，这极大地限制了对其生物学特性以及机理（包括细胞对材料的介导、材料在细胞中的分布及其与细胞之间的相互作用等）的深入研究和认识，从而影响材料性能的进一步开发应用。

对于纳米 HAP 的团聚问题，许多研究者都曾进行了研究。但到目前为止，这一问题尚没有得到完全解决，还需进行深入研究。已有的研究结果表明，纳米粒子的分散稳定性对其性能有着直接的影响。通常提高纳米粉体分散稳定性的机制有以下三种。

① 静电稳定机制（electrostatic stabilization） 又称双电层稳定机制，即通过调节 pH 值使粒子表面带上一定量的表面电荷，形成双电层，通过双电层之间的排斥力使粒子之间的引力大大降低，从而实现纳米粉体的分散。

② 空间位阻稳定机制（steric stabilization） 即在悬浮液中加入一定量的、不带电的高分子化合物，使其吸附在粒子周围，形成微胞状态，使粒子之间产生排斥，从而达到分散目的。

③ 静电空间稳定机制（electrosteric stabilization） 即在悬浮液中加入一定量聚电解质，使粒子表面吸附聚电解质，同时调节 pH 值，使聚电解质的离解度最大，使粒子表面的聚电解质达到饱和吸附，两者的共同作用使纳米粒子均匀分散。

分散剂的选择很重要，不能加入杂质，要求无毒、无污染、对模具无腐蚀作用、成本不太高，即要求选用的分散剂要有一定的适用性。以下三类是通常选择的有效分散剂：多醚基的非离子表面活性剂，如脂肪醇聚氧乙烯醚（JFC）、聚乙二醇（PEG）、聚乙烯醇（PVA）；含多羟基的有机高分子，如变性淀粉、羟丙基纤维素；四环素和含多羧基的高分子聚合物，如聚丙烯酸胺（NH_4PAA）、聚丙烯酸（PAA），这三类分散剂对以水为分散介质的超细（亚微米、纳米）粉体等高性能陶瓷都具有良好的分散性和适用性。

综上所述，本章中首先以氢氧化钙和磷酸为反应物，运用简单的化学沉淀方法制备出纳米羟基磷灰石，并在此基础上在模拟体液中制备了羟基磷灰石和氟羟基磷灰石。为了利于羟基磷灰石的生物相容性使其作为药物载体，加入铁离子，制备具有磁性的羟基磷灰石。研究羟基磷灰石的氟离子吸收能力，对吸附能力和吸附机制进行探讨。

利用化学沉淀法合成 HAP，化学反应方程式如下：

$$(NH_4)_2HPO_4 + NH_3 \cdot H_2O \longrightarrow (NH_4)_3PO_4 + H_2O$$

$$3(NH_4)_3PO_4 + NH_3 \cdot H_2O \longrightarrow (NH_4)_{10}(PO_4)_3 \cdot OH$$

$$2(NH_4)_{10}(PO_4)_3OH + 10Ca(NO_3)_2 \longrightarrow Ca_{10}(PO_4)_6(OH)_2 + 20NH_4NO_3$$

三、实验设备和材料

1. 实验材料

① 磷酸氢二铵：纯度 99.0%；国药集团化学试剂有限公司生产。含有的主要杂质：氯化物、硫化物、硫酸盐、重金属、铁、钾、砷、钠等。

② 硝酸钙·四水：纯度 99.0%；国药集团化学试剂有限公司生产。含有的主要杂质：镁、钡、铵盐等。

③ 蒸馏水：实验室自制。

④ 无水乙醇：天津市富宇精细化工有限公司生产。含有的主要杂质：甲醇 CH_3OH、异丙醇 $(CH_3)_2CHOH$、高锰酸钾等。

⑤ 氨水：(NH_3) 含量 25%～28%；国药集团化学试剂有限公司生产。含有的主要杂质：磷酸盐、钾、铜、钠、钙、铅、镁、铁、磷酸盐等。

2. 实验设备

① 烧杯：1000mL×3，500mL×3。

② 量筒：500mL×1，100mL×1。

③ 玻璃棒：3 支。

④ 微孔滤膜：150×0.22×50。

⑤ 定性滤纸：$\Phi=12.5cm$（中）；杭州特种纸业有限公司生产。

⑥ pH 试纸：pH 精密试纸测量范围 5.5～9.0、9.0～14、6.4～8.0，杭州市富阳特种纸业有限公司生产。pH 广泛试纸：测量范围 1～14，杭州市富阳特种纸业有限公司生产。

⑦ 保鲜膜：市售。

⑧ 天平：江苏省常州市万得天平仪器厂生产。

⑨ 电子天平：型号 FA2004N，上海精密电子仪器有限公司生产。

⑩ 电热恒温水浴锅：型号为 DK-98-1，电源电压（220±22）V；恒定频率（50±1）Hz；温度调节范围 37～100℃；温度波动度±0.5℃，天津市泰斯特仪器有限公司生产。

⑪ 实验搅拌机：型号为 FS-1，河北省黄骅县齐家务科学器皿厂生产。

⑫ HAP 粉体合成装置：该套装置主要由电动搅拌器一台、恒温水浴锅一台、铁架台两套、三口烧瓶一个（1000mL）、分液漏斗两只组成。

⑬ 超声波清洗器：M302713，仪器尺寸 530mm×320mm×380mm（长×宽×高）。

⑭ 抽滤装置：单相异步电动机，奉化市协力德电机厂生产；锥形瓶，与抽滤装置配套；旋片真空泵，型号 2XZ-2，上海玉龙真空泵厂制造，抽速 2L/s；陶瓷漏斗（与单相异步电动机匹配）。

⑮ 陶瓷研钵。

⑯ 真空干燥箱：型号 DZF-6050，电源电压（220±22）V；额定频率（50±1）Hz；温度范围 50～250℃；电热功率 1.6kW；温度均匀度<±3.5%；执行标准 JB/T5520-91。

⑰ 实验电阻炉：型号为 SX$_2$-12-16，电压 380V；相数 3；最高温度 1300℃；功率 6kW；常用温度 1250℃；炉膛尺寸 250mm×150mm×100mm。

⑱ KYT 智能温度控制柜：型号为 KYT-12-16。

四、实验步骤与方法

1. 安装装置

将 HAP 粉体的化学合成装置安装好；用凡士林涂抹分液漏斗的活塞内壁，并注入蒸馏水调整好合适的流速后旋紧活塞。

2. 配料

用电子天平称取 11.8075g Ca(NO$_3$)$_2$·4H$_2$O，置于 500mL 烧杯中，用 500mL 量筒量取 250mL 蒸馏水，然后倒入烧杯中，用玻璃棒搅拌，以加快 Ca(NO$_3$)$_2$·4H$_2$O 溶于蒸馏水中。

用电子天平称取 3.9618g(NH$_4$)$_2$HPO$_4$，置于 500mL 烧杯中，用 500mL 量筒量取 250mL 蒸馏水。然后倒入烧杯中，用玻璃棒搅拌，以加快(NH$_4$)$_2$HPO$_4$ 溶于蒸馏水中。

用 100mL 量筒分两次共称量 120mL 氨水。

3. 加热

将 Ca(NO$_3$)$_2$·4H$_2$O 溶液用玻璃棒引流到三口烧瓶中，打开实验搅拌机的电源，选择中速搅拌；将氨水用玻璃棒引流到三口烧瓶中。

将(NH$_4$)$_2$HPO$_4$ 溶液用玻璃棒引流到分液漏斗中，将漏斗颈插入三口烧瓶的一个侧口，开始滴定并计时，待大约 1h 后，分液漏斗里的(NH$_4$)$_2$HPO$_4$ 完全滴定完，用磨砂塞子堵住三口烧瓶的侧口。

开启电热恒温水浴锅，打开水龙头，使自来水流入冷凝管中以达到防止氨水挥发的目的。用保鲜膜盖住三口烧瓶与水浴锅，这样可以更好地保温。待温度升至所需温度时开始计时，约 3h 后关掉水浴锅的电源及搅拌器的电源。待温度降到室温时，关掉水龙头。将三口烧瓶中的溶液倒入 1000mL 的大烧杯中，用保鲜膜密封，静置。如果三口烧瓶中的沉淀粘壁，则将其放置于超声波清洗器中 3～5min。

4. 拆下装置，摆放整齐

清洗烧杯、玻璃棒、量筒等实验仪器以备下次使用；整理实验台。

5. 抽滤

① 安好装置，接口处用保鲜膜密封。

② 滤纸用蒸馏水打湿平放在漏斗的底部中间，将微孔滤膜打湿贴壁平放在滤纸上方；插上真空泵的电机插座。

③ 将大烧杯中的清液倒出，剩下的分次倒入小烧杯中。打开电源，用玻璃棒引流到漏

斗中；待溶液倒完后，再用蒸馏水冲洗大小烧杯，并将其同样引流到漏斗中。

④ 用广泛 pH 试纸测量漏斗中液体的 pH 值，再用精密 pH 试纸测量漏斗内液体的 pH 值，当 pH＝7 时，将约 200mL 无水乙醇用玻璃棒引流到漏斗中，目的是使 HAP 松软。

⑤ 用蒸馏水洗涤沉淀。

⑥ 关掉电源并用药匙把漏斗中的白色沉淀物挖出，放入不锈钢托盘中并分散均匀。

6. 烘干

将不锈钢托盘放入烘箱内，首先调好保温温度 80℃，待温度升至 80℃后，计时，3h 后，再把温度调到 120℃，保温 6h。

7. 研磨及保存

戴上高温隔热手套，将不锈钢托盘从烘箱中拿出，并放入研钵中，将 HAP 用研杵轻轻研成细粉，然后装入塑料瓶内，于密封干燥处保存。

8. 预烧

做出来的 HAP 需要进行预烧，原因如下。

① 去除原料中易挥发的杂质、化学结合和物理吸附的水分、气体、有机物等，从而提高原料的纯度。

② 使原料颗粒致密度化及结晶长大，这样可以减少以后烧结中的收缩。

③ 完成同质异晶的晶型转变，形成稳定的结晶相。

预烧的制度为：500℃，保温 1h。

五、数据记录与处理

利用 XRD 测试是否合成出具有羟基磷灰石结构的材料；用 SEM 测试所合成粉体的颗粒状态。

六、实验注意事项

大部分合成反应需要在玻璃容器中加热进行，实验时注意安全，严格按照指导老师要求操作。

七、思考题

为什么合成工艺过程对粉体纯度和细度的影响最大？

实验 21　钛酸锶钡陶瓷制备和性能测试实验

一、实验目的

掌握固相合成法制备钛酸锶钡的工艺流程。

二、实验基本原理

钛酸锶钡 $Ba_{1-x}Sr_xTiO_3$ 是 $BaTiO_3$ 和 $SrTiO_3$ 固溶体，为典型钙钛矿结构（ABO_3型），多年来一直被研究学者关注，BST 具有优异的电性能，制备成本低且对环境无污染。BST 的居里温度随着锶含量的变化可以在很宽的温度范围内得到调节，它们的连续固溶性可使材料介电和光学性能在 Ba/Sr 摩尔比为 0～1 的范围内连续调节，这在电子元件的应用领域里具有很重要的意义。掺杂改善 BST 陶瓷有望满足不同性能要求（高介电常数、低介电损耗、高耐压、低容温变化率）的电容器陶瓷。钛酸锶钡材料在诸如陶瓷电容器、多功能半导体元件、铁电记忆材料、非制冷红外探测器、微制动器、压电电动机相控阵天线、微波器件、移相器、可调振荡器和滤光器等领域受到广泛关注。

电子元器件的小型化是发展的趋势，因此需要不断缩小器件的特征尺寸以及不断提高器件的存储密度。提高器件存储密度的主要方法包括：①通过不断减小介质层厚度来提高器件的集成度和性能；②改变器件电极结构，由二维的平面结构变为立体的三维结构，可以在有限的体积内有效增加电极表面积；③电容器材料介电常数的大小决定了其最终小型化程度。目前电介质厚度即将逼近电子隧穿区域，漏电流在这个区域将随厚度的减小呈指数增长，单纯通过改变介质层厚度、电极结构等工艺上的方法正逐步走向极限，而如果采用高介电常数电介质作为电容器的介质层，能够有效地提高多层陶瓷电容器 MLCC 的单位体积电容量，在保持相同电容的情况下，可以提供一定的物理厚度来阻止电子的隧穿，从而达到提高集成度的要求。这使得寻找具备高介电常数的电介质材料成为非常重要的一项工作。近年来，在高介电常数新材料以及新工艺方面取得了一定进展，具有高介电常数的材料主要为一些铁电材料，其中钛酸锶钡（Ba，Sr）TiO_3 材料既具有 $BaTiO_3$ 的高介电常数和低介损耗，又具有 $SrTiO_3$ 结构稳定的特点，制备工艺简便、成熟、对环境无污染，它是功能陶瓷中应用最广、发展极为迅速且有很大发展前途的电子陶瓷材料。

三、实验设备和材料

陶瓷原料的选择必须根据功能陶瓷的性能要求，所使用的生产工艺、设备以及经济效益来考虑，不同原料的合成将对陶瓷的结构和性能有着重要的影响，不合格的原料根本做不出所需性能的材料。粉体原料或中间原料除市购外，还可通过其他制备方法获得，如：机械粉碎、氧化物合成、溶胶凝胶、化学共沉淀、水热法及喷雾热分解法等（见表 1 和表 2）。

表 1　实验所用原料

原料名称	化学式	含量	生产厂家
二氧化钛	TiO_2	≥99.0%	北京益利精细化学品有限公司
硝酸钡	$Ba(NO_3)_2$	≥99.5%	上海化专实验二厂
硝酸锶	$Sr(NO_3)_2$	≥99.5%	国药集团化学试剂有限公司
硝酸钙	$Ca(NO_3)_2 \cdot 4H_2O$	≥99.0%	国药集团化学试剂有限公司
氧化铋	Bi_2O_3	≥99.0%	国药集团化学试剂有限公司
氧化镧	La_2O_3	≥99.9%	国药集团化学试剂有限公司

表 2　实验所用仪器及测试设备

仪器设备名称	型号	供应厂商
电子天平	ALC-210.4	北京赛多利斯仪器系统有限公司
卧式球磨机	JD1A-40	乳山市谷山电机有限公司
鼓风干燥箱	WG-43	天津市泰斯特仪器有限公司
硅钼炉	SX2-8-16	湖北省英山县建国药械器材设备厂
粉末压片机	769YD-24B	天津市科器高新技术公司
X射线衍射仪	X′Pert PRO	荷兰 PANalytical(帕纳科)仪器公司
SEM	JSM-5610LV	日本电子公司
热分析仪器	STA449c/3/G	德国 NETZSCH 公司

四、实验步骤与方法

所有样品均采用传统的固相法制备，工艺过程路线如图 1 所示。用电子天平按照化学计量比精确称量基料与掺杂剂，将原料与酒精混合后用球磨机球磨 30h 后，烘干，在合适的温度下预烧 2h，确定初步形成所需的陶瓷相。然后再次球磨 24h、烘干。将所得的粉体进行适当造粒后在 170MPa 左右的压力下压成直径 12mm、厚度 1mm 左右的圆片。最后，压成的陶瓷片在不同温度下烧结，保温一定的时间烧结成瓷，最终获得致密的陶瓷样品。一般而言，每一个组分都存在一个最佳烧结温度，因此在实验中，要通过改变陶瓷的烧结温度来获得最佳致密温度点。最后烧结得到的部分样品涂覆银浆后在 500℃ 热处理后用于各种性能测试。

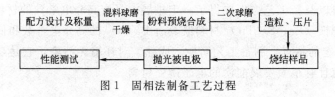

图 1　固相法制备工艺过程

五、数据记录与处理

（1）粉体粒度分析

所有粉体的粒度分布、有效直径均由 Mastersize 2000 型激光粒度分析仪测试所得。

（2）晶体结构分析

采用荷兰 Philips 公司的 PANalytical X′Pert PW3050/60 型 X 射线衍射仪利用 X 射线衍射技术（X-ray diffraction，XRD）进行物相组成与结构分析，测试波长 $\lambda = 1.54056$Å 的 Cu 靶 Kα1 射线，工作电压为 40kV，电流为 40mA。X 射线衍射方法具有不损伤样品、无污染、快捷、测量精度高、能得到有关晶体完整性的大量信息等优点。XRD 是利用晶体材料与 X 射线相互作用产生衍射线和强度以获得结构信息，从而对物相进行定性定量分析、检测粉体和陶瓷的相组成、粒度大小和晶格畸变、非晶态中原子近邻结构分析以及晶体的完整性分析等，已广泛应用于工业部门和科学技术等许多领域。

（3）差热分析

采用德国 NETZSCH 公司 STA449c/3/G 型号的同步热分析仪确定材料的反应阶段和反应动力学，测定了物质的热分解温度、结晶温度、相转变温度等。

（4）扫描电子显微镜（SEM）

扫描电子显微镜（SEM）基本原理是利用电子枪射出的高能电子束经过会聚，在试样表面作光栅式扫描成像，来检测粉体和陶瓷的显微形貌。成像信号为二次电子、X 射线、背散射电子或吸收电子。其中二次电子是主要成像信号。本实验利用 JEOL（日本电子）公司生产的 JSM-5610LV 型扫描电子显微镜（SEM）进行显微分析，观察表面微观形貌。

（5）密度测试

陶瓷的密度是鉴别陶瓷烧结致密度的一个重要方法。本实验采用高精度密度天平，利用阿基米德原理测定陶瓷样品的密度。

通过固体在已知液体中所受浮力计算出样品体积，然后通过对所测质量和体积进行计算可得密度，固体密度测量公式如下：

$$D = \frac{m_1 D_l}{m_3 - m_2}$$

式中，m_1 为样品经干燥后在空气中的质量；m_3 为样品充分吸水后在空气中的质量；m_2 为样品充分吸水后在蒸馏水中的质量；D_l 为蒸馏水密度。

（6）样品的介电性能测试

本研究使用 Agilent 公司生产的 Agilent E4980A 型阻抗分析仪和智能温控仪组成的测试系统测试样品的介电常数、损耗以及阻抗与温度和频率的关系。测试的温度范围为 $-100 \sim 200℃$，升温速度为 $1 \sim 2℃/min$，测试频率为 100Hz～1MHz，根据以下公式进行介电常数 ε_r 的计算：

$$\varepsilon_r = \frac{4Cd}{\pi \varepsilon_0 D^2}$$

式中，C 为测试的电容；d 为样品厚度；D 为样品直径；真空介电常数 $\varepsilon_0 = 8.854 \times 10^{-12}$F/m。

六、实验注意事项

① 部分测试仪器价格昂贵，需要专业老师操作。
② 球磨好的物料干燥时，温度不宜太高，防止飞溅。

七、思考题

预烧和烧结温度是如何影响陶瓷性能的？

实验 22 草酸络合物沉淀法制备钛酸钡超细粉体

一、实验目的

① 掌握液相共沉淀法制备氧化物陶瓷粉体的原理与方法。

② 熟悉草酸盐沉淀法制备钛酸钡超细粉体的方法与步骤。

二、实验基本原理

沉淀法是湿化学方法制备粉体材料的一种工艺简单、成本低廉、所得粉体性能良好的方法。根据沉淀方式的不同可分为：直接沉淀法、共沉淀法和均相沉淀法三种。根据所用原料的不同又可分为：硝酸沉淀法、氯化物沉淀法、醇盐沉淀法及草酸盐沉淀法等。草酸盐沉淀法通常是在溶液状态下将不同化学成分的物质混合，在混合液中加入沉淀剂 $M_2C_2O_4$（M＝H^+、NH_4^+、K^+、Na^+）制备前驱体沉淀物，再将沉淀物进行干燥或煅烧，从而制得相应的粉体颗粒。一般颗粒在 $1\mu m$ 左右时就可以生成沉淀，所生成颗粒的粒径通常取决于沉淀物的溶解度，沉淀物的溶解度越小，颗粒粒径也越小，而颗粒粒径随溶液的过饱和度的减小呈增大趋势。传统的草酸盐共沉淀法是将 $BaCl_2$、$TiCl_4$ 的混合水溶液以一定的速度滴入 $H_2C_2O_4$ 溶液中持续搅拌，同时滴加 $NH_3 \cdot H_2O$ 调节溶液的 pH 值至一定的范围。反应结束后，所得产物经陈化、洗涤、过滤、干燥、煅烧得 $BaTiO_3$ 粉体。

草酸盐沉淀法的特点：与其他一些传统无机材料制备方法相比，草酸盐沉淀法具有如下优点：①工艺与设备较为简单，沉淀期间可将合成和细化一道完成，有利于工业化；②可以精确控制各组分的含量，使不同组分之间实现分子/原子水平的均匀混合；③在沉淀过程中，可以通过控制沉淀条件及下一步沉淀物的煅烧制度来控制所得粉料的纯度、颗粒大小、分散性和相组成；④样品煅烧温度低，性能稳定且重现性好。

三、实验设备和材料

（1）实验药品

$TiCl_4$、草酸铵、$NH_3 \cdot H_2O$、$BaCl_2$、去离子水。

（2）实验器皿和仪器

250mL 烧杯、分液漏斗、分析天平、移液管、吸量管、磁力搅拌器、真空抽滤泵、抽滤瓶、布氏漏斗、滤纸、烘箱、马弗炉、50mL 瓷坩埚。

四、实验步骤与方法

配置 1mol $TiCl_4$ 水溶液。

250mL 容量瓶配置 1mol 的 $BaCl_2$。

配置 $AgNO_3$ 溶液：0.85g $AgNO_3$ 用 100mL 去离子水稀释，装入棕色滴瓶。

① 称取 7.4g 草酸铵，加热溶于 100mL 去离子水中，备用。

② 首先用 10mL 移液管准确量取 10mL 的 1mol $TiCl_4$ 溶液放入 250mL 烧杯中，将配好的热草酸铵溶液在搅拌条件下，加入 $TiCl_4$ 溶液中，然后滴加 1∶1 的 $NH_3 \cdot H_2O$，将 pH 值调到 2.5～3，搅拌反应 10min，以形成 $TiO(C_2O_4)_2^{2-}$ 络离子。

③ 用 10mL 移液管准确量取 10mL 1mol 的 $BaCl_2$ 溶液，在充分搅拌下，加入到 $TiO(C_2O_4)_2^{2-}$ 溶液中，反应 1h 生成 $BaTiO(C_2O_4)_2 \cdot 4H_2O$ 沉淀，反应完全后，过滤、用 50～60℃ 的热水洗涤至无氯离子（用 $AgNO_3$ 检查），放入 90℃ 的烘箱中干燥 16～18h。

④ 干燥好的样品，放入 800℃ 的马弗炉中煅烧 1h，取出，冷却，即得超细 $BaTiO_3$ 粉体。

⑤ 用激光粒度仪测定样品的粒度，分析粒度及其分布数据。

五、数据记录与处理

测试粉体的粒度分布。

六、实验注意事项

实验过程中需要使用大量玻璃仪器，注意操作规范。

七、思考题

① 草酸络合物沉淀法与传统草酸沉淀法相比有哪些不同？

② 哪些因素对合成的 $BaTiO_3$ 粉体的尺寸有影响？

实验 23　染料敏化太阳电池的制作

一、实验目的

① 学会制备简易的染料敏化太阳电池。

② 掌握染料敏化太阳电池的结构及其发电机理。

二、实验基本原理

在辐射到地球表面的太阳光中，紫外线占 4%，可见光占 43%。常用的 n 型半导体带隙较宽，如 TiO_2 为 3.2eV，这决定了其吸收谱位于紫外线波段，由于对可见光吸收较弱，为了增大对可见光的利用率，人们把敏化剂负载在 n 型半导体表面，借助敏化剂对可见光的敏感效应，增加整个敏化电池对太阳光的吸收率。其中最具代表性的是染料敏化电池，它基于敏化电池的结构和原理，采用染料作为敏化剂。以最常见的染料敏化 TiO_2 多孔膜电池为例，介绍敏化太阳能电池的结构和工作原理。

Gerischer 和 Tributsch 用有机染料，如孟加拉玫瑰、荧光染料和罗丹明 B 染料第一次敏化氧化锌电极。随后几年里许多关于氧化锌单晶染料敏化的基础研究大量展开，但是这些器件的效率太低。主要的问题是，被单晶氧化锌平面吸附的这些单层染料分子只能吸收不超过 1% 的太阳光。直到 1991 年，瑞士科学家 Grätzel 引入多孔纳米晶二氧化钛半导体材料，由于纳米晶薄膜极高的比表面积，大大增加了光电转换效率，当时报道的效率达到 7.1%。目前，DSSCs 的效率已经达到 11.2%（面积：$0.219cm^2$）。

DSSCs 的结构及原理如图 1 所示：传统 DSSCs 的光阳极一般由 $10\mu m$ 厚的宽带隙半导体材料如 TiO_2 纳米晶颗粒组成，染料分子被吸附在这些纳米颗粒的表面，电解液充盈在这些多孔状纳米颗粒间的孔隙里面，从而形成半导体-染料-电解液结构；对电极一般是镀铂的导电玻璃。

吸附在 TiO_2 上的染料分子受光子辐照后产生电子并处于激发态；由于激发态不稳定，产生的电子快速注入到 TiO_2 导带中，然后通过 TiO_2 薄膜传输到导电玻璃衬底上；电子经过外部电路及负载后传输到对电极上，对电极中的铂具有催化作用，扩散到对电极的电解质 I_3^- 被电子还原成 I^-；还原的 I^- 电子再扩散到已经失去电子的染料分子处并将染料分子还原回基态，使染料分子再生，在这一过程中，I^- 又被氧化为 I_3^-。不断地循环上述过程可以使 DSSCs 接受太阳的光子转换为电能供给用电器件。这些过程具体分析如下。

（1）染料分子吸收光子

目前，文献中大部分报道的性能最好的染料分子是钌金属的有机配合物。对大多数染料分子来说，在 720nm 波长以内，染料开始吸收太阳光，对应光子能量是 1.72eV，染料氧化还原势（D^+/D^*）（相对标准氢电极）在 $-0.7V$ 和 $-0.8V$ 之间，激发态的寿命在纳秒范围。

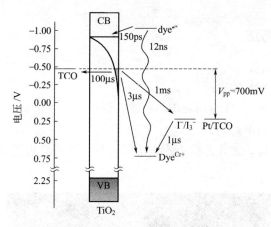

图 1 DSSCs 电子传输示意图

(2) 染料分子受激发产生电子注入二氧化钛半导体中的导带上

染料分子受激发后产生的电子注入 TiO_2 导带中。这些注入的电子大约有 60％ 来自单重态，40％ 来自三重态。单重态注入电子速率在飞秒范围，而三重态电子的能带仅仅略高于 TiO_2 导带，电子注入的驱动力和传输概率会非常低，因此三重态电子的电子注入速率比较低。为了使染料分子受激发后产生的电子有效注入到 TiO_2 导带中，一般要求染料分子的能带必须高于 TiO_2 导带 0.2V 以上，在化学电位上对应于 $-0.5V$（相对标准氢电极）。同时，有部分氧化的染料分子被少量来自于导电玻璃基底的电子还原。这些电子还原的速率发生在微秒和毫秒之间。正因为注入速率和还原速率有如此大的差别，才使 TiO_2 半导体能够有效分离染料分子产生的电子，从而最终使 DSSCs 具有很高的光电转换效率。

(3) 电子在纳米多孔 TiO_2 中的传输和电解液在多孔膜内的扩散

TiO_2 半导体对应的带隙约是 3.2eV，目前所用的 TiO_2 纳米晶多孔薄膜中，纳米颗粒直径一般为 20～30nm，薄膜厚度约为 $10\mu m$。对应较高光电转换效率的 TiO_2 晶相主要是锐钛矿，锐钛矿型 TiO_2 热力学稳定的晶面是（101）面，该晶面向外。

(4) 电子经导电玻璃收集后经外部电路负载进行工作

电流经过外部电路进行工作，可以调整负载的电阻以适应 DSSCs 的最大功率点。

(5) 对电极附近 I^{3-} 的还原和 I^-/I^{3-} 的电子交换

在对电极中，电子传输主要是靠空穴传输媒介进行的（Hole Conducting Medium，HTM）。一般大多数是由碘的氧化还原对进行传输，还原反应主要是由一层很薄的铂薄膜进行催化（用量大约为 $3\mu g/cm^2$）。

(6) 氧化染料分子的还原

氧化染料分子的再生速率在纳秒范围，是其发生复合反应速率的 100 倍，同时是本征氧化染料分子再生速率的 108 倍。

三、实验设备和材料

① 万用表、小夹子。

② TiO_2、导电玻璃、硝酸（pH＝3～4）、石墨棒或软铅笔、乙醇、碘、碘化钾、天然

草莓等。

四、实验步骤与方法

（1）二氧化钛膜的制备

二氧化钛的制备有两种方法。

① 称取适量二氧化钛粉（Degussa P25）放入研钵中，一边研磨，一边逐渐加入硝酸或乙酸（pH 值为 3～4），研磨均匀。

② 取适量二氧化钛粉，加入乙酰丙酮水溶液，然后边研磨边逐渐加入水使之研磨均匀，如图 2 所示。

图 2　研磨二氧化钛粉

取一定面积的导电玻璃，用万用表来检测判断其导电面。用透明胶带盖住电极的四边，其中 3 边盖住 1～2mm 宽，而第四边盖住 4～5mm 宽。胶带的大部分与桌面相粘，有利于保护玻璃不动，这样形成一个约 40～50μm 深的沟，用于涂覆二氧化钛。在上面滴几滴 TiO_2 溶液，然后用玻璃棒徐徐地滚动，使其涂覆均匀，如图 3 所示。

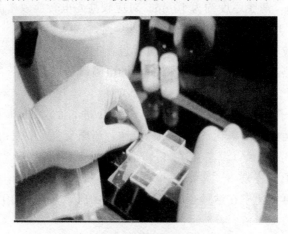

图 3　涂覆二氧化钛

待二氧化钛薄膜自然晾干后，再撕去胶带，放入炉中，在 450℃下保温半小时。可选用电热枪或管式炉，也可用酒精灯或天然气灯在有支撑的帮助下加热 10min。然后让其自然冷却至室温，储存备用。烧结后得到二氧化钛膜。其类似于类囊体膜，呈多孔状，多孔膜有利于吸收太阳光和收集电子。

（2）利用天然染料把二氧化钛膜着色

在新鲜的或冰冻的黑莓、山莓和石榴籽上滴 3～4 滴水，再进行挤压、过滤，即可得到我们所需要的初始染料溶液；也可以把 TiO_2 膜直接放在已滴过水并挤压过的浆果上，或在室温下把 TiO_2 膜浸泡在红茶（木槿属植物）溶液中。有些水果和叶子也可以用于着色。如果着色后的电极不立即使用，必须把它存放在丙酮和脱植基的叶绿素混合溶液中，如图 4 所示。

图 4　电极存放

（3）制作反电极

电池既需要光阳极，又要一个对电极才能工作。对电极又叫反电极。取与正电极相同大小的导电玻璃，利用万用表判断玻璃的导电面（利用手指也可以作出判断，导电面较为粗糙）。把非导电面标上"＋"，然后用石墨棒或软铅笔在整个反电极的导电面上涂上一层碳膜，如图 5 所示。这层碳膜主要对 I^- 和 I^{3-} 起催化剂的作用。整个面无需掩盖和贴胶带，因而整个面都可以涂上一层催化剂。可以通过把碳膜在 450℃ 下烧结几分钟来延长电极的使用寿命。电极必须用乙醇清洗，并烘干。也可以利用化学方法沉积一层通明的、致密的铂层来代替碳层作为反电极。

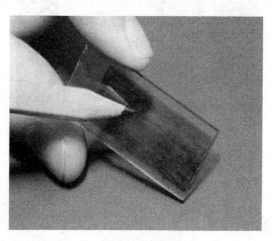

图 5　反电极

（4）组装电池

小心地把着色后的电极从溶液中取出，并用水清洗。烘干之前再用乙醇或异丙醇清洗一下，以确保将着色后的多孔 TiO_2 膜中的水分除去。把烘干后的电极的着色膜面朝上放在桌上，再把涂有催化剂的反电极放在上面，把两片玻璃稍微错开，以便于利用未涂有 TiO_2 的电极部分和反电极作为电池的测试用。

（5）注入电解质

用两个夹子把电池夹住，再滴入两滴含碘和碘离子的电解质溶液，由于毛细管原理，电解质很快在两个电极间均匀扩散，如图 6 所示。

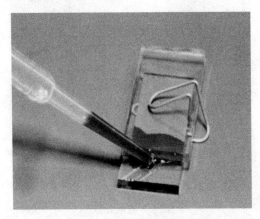

图 6 电解质扩散

（6）测试

在室外太阳光或模拟太阳光源下，检测制作的太阳能电池是否可以产生电流，如图 7 所示。

图 7 测试电池

五、数据记录与处理

掌握制备简易的染料敏化太阳电池的方法。

六、实验注意事项

实验报告内容包括目的、原理、设备及原料、实验内容和数据处理及分析，其中后两项为重点。

七、思考题

① 在制备反电极的过程中，反电极涂碳膜的作用是什么？

② 在注入电解液时，碘和碘离子的电解质的作用是什么？

③ 染料敏化太阳电池与传统太阳能电池最大的区别是什么？

实验 24　超级电容器的组装及性能测试

一、实验目的

① 掌握超级电容器的基本原理及特点。

② 掌握电极片的制备及电容器的组装方法。

③ 掌握电容器的测试方法及充放电过程特点。

二、实验基本原理

电容器是一种电荷存储器件，按其储存电荷的原理可分为三种：传统静电电容器、双电层电容器和法拉第准电容器。

传统静电电容器主要是通过电介质的极化来储存电荷的，它的载流子为电子。

双电层电容器和法拉第准电容储存电荷主要是通过电解质离子在电极/溶液界面的聚集或发生氧化还原反应，它们具有比传统静电电容器大得多的比电容量，载流子为电子和离子，因此它们两者都被称为超级电容器，也称为电化学电容器。

（1）双电层电容器

双电层理论由 19 世纪末 Helmhotz 等提出。Helmhotz 模型认为金属表面上的净电荷将从溶液中吸收部分不规则的分配离子，使它们在电极/溶液界面的溶液一侧，离电极一定距离排成一排，形成一个电荷数量与电极表面剩余电荷数量相等而符号相反的界面层。于是，在电极上和溶液中就形成了两个电荷层，即双电层。

双电层电容器的基本构成如图 1 所示，它是由一对可极化电极和电解液组成的。

双电层由一对理想极化电极组成，即在所施加的电位范围内并不产生法拉第反应，所有聚集的电荷均用来在电极的溶液界面建立双电层。

这里极化过程包括两种：①电荷传递极化；②欧姆电阻极化。

当在两个电极上施加电场后，溶液中的阴、阳离子分别向正、负电极迁移，在电极表面形成双电层；撤销电场后，电极上的正负电荷与溶液中的相反电荷离子相吸引而使双电层稳定，在正负极间产生相对稳定的电位差。当将两极与外电路连通时，电极上的电荷迁移而在外电路中产生电流，溶液中的离子迁移到溶液中成电中性，这便是双电层电容的充放电原理。

（2）法拉第准电容器

对于法拉第准电容器而言，其储存电荷的过程不仅包括双电层上的存储，还包括电解液中离子在电极活性物质中由于氧化还原反应而将电荷储存于电极中。对于其双电层电容器中的电荷存储与上述类似，对于化学吸脱附机理来说，一般过程为：电解液中的离子（一般为

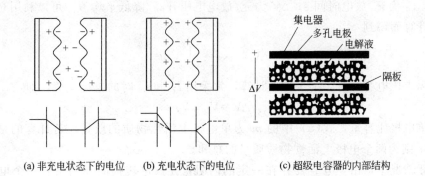

(a) 非充电状态下的电位   (b) 充电状态下的电位   (c) 超级电容器的内部结构

图 1 双电层电容器工作原理及结构示意图

H$^+$ 或 OH$^-$）在外加电场的作用下由溶液中扩散到电极/溶液界面，而后通过界面的电化学反应：

$$MO_x + H^+(OH^-) + (-)e^- \longrightarrow MO(OH) \tag{1}$$

进入到电极表面活性氧化物的体相中，由于电极材料采用的是具有较大比表面积的氧化物，这样就会有相当多的这样的电化学反应发生，大量的电荷就被存储在电极中。根据式（1），放电时这些进入氧化物中的离子又会重新返回到电解液中，同时所存储的电荷通过外电路而释放出来，这就是法拉第准电容器的充放电机理。

在电活性物质中，随着存在法拉第电荷传递化学变化的电化学过程的进行，

极化电极上发生欠电位沉积或发生氧化还原反应，充放电行为类似于电容器，而不同于二次电池，不同之处为：

① 极化电极上的电压与电量几乎呈线性关系；

② 当电压与时间呈线性关系 $dv/dt = k$ 时，电容器的充放电电流为恒定值。

$$I = dv/dt = Ck \tag{2}$$

③ 电容量及等效串联内阻的计算

对于超级电容器的双电层电容可以用平板电容器模型进行理想等效处理。根据平板电容模型，电容量计算公式为：

$$C = \frac{\varepsilon S}{4\pi d} \tag{3}$$

式中，C 为电容，F；ε 为介电常数；S 为电极板正对面积，等效双电层有效面积，m^2；d 为电容器两极板之间的距离，等效双电层厚度，m。

利用公式 $dQ = idt$ 和 $C = Q/\varphi$ 得

$$i = \frac{dQ}{dt} = C\frac{d\varphi}{dt} \tag{4}$$

式中，i 为电流，A；dQ 为电量微分，C；dt 为时间微分，s；$d\varphi$ 为电位的微分，V。

采用恒流充放电测试方法时，对于超级电容，根据公式（4）可知，如果电容量 C 为恒定值，那么 $d\varphi/dt$ 将会是一个常数，即电位随时间是线性变化的关系。也就是说，理想电容器的恒流充放电曲线是一个直线，如图 2（a）所示。我们可以利用恒流充放电曲线来计算电极活性物质的比容量：

$$C_m = \frac{it_d}{m\Delta V}$$

式中，t_d 为充/放电时间 s；ΔV 为充/放电电压升高/降低平均值，可以利用充放电曲线进行积分计算而得到：

$$\Delta V = \frac{1}{t_2 - t_1}\int_1^2 V dt \tag{5}$$

在实际求比电容量时，为了方便计算，常采用 t_2 和 t_1 时的电压差值，即：

$$\Delta V = V_2 - V_1 \tag{6}$$

对于单电极比容量，式(5) 中的 m 为单电极上活性物质的质量。若计算的是电容器的比容量，m 则为两个电极上活性物质质量的总和。

在实际情况中，由于电容器存在一定的内阻，充放电转换的瞬间会有一个电位的突变 $\Delta\varphi$，如图 2(b) 所示。

利用这一突变可计算电极或者电容器的等效串联电阻：

$$R = \Delta\varphi/2i$$

式中，R 为等效串联电阻，Ω；i 为充放电电流，A；$\Delta\varphi$ 为电位突变的值，V。

等效串联电阻是影响电容器功率特性较直接的因素之一，也是评价电容器大电流充放电性能的一个直接指标。

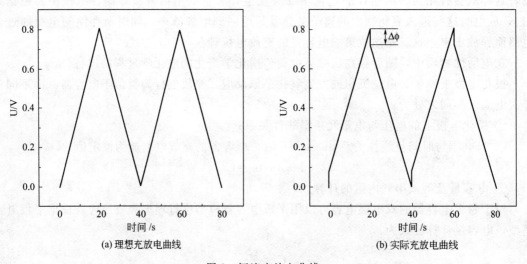

(a) 理想充放电曲线　　　　　　　　　　(b) 实际充放电曲线

图 2　恒流充放电曲线

三、实验设备和材料

（1）仪器设备

电子天平、真空干燥箱、Land 电池测试系统、压片机、扣式电池封装机、扣式电池钢壳等。

（2）药品

MnO_2、KOH、泡沫镍、乙炔黑、黏结剂（HPMC）、隔膜、去离子水等。

四、实验步骤与方法

（1）超级电容器电极片的制备

① 按 75∶15∶10（质量分数）称取活性物质 MnO_2、导电剂乙炔黑和黏结剂 HPMC，

加入适量去离子水，调成浆状。

　② 将浆料均匀涂覆于 $\Phi=10mm$ 的泡沫镍上（已称重）。

　③ 真空 120℃下干燥 1h，压片，称重，备用。

　（2）扣式超级电容器的组装

　① 将（1）中制备好的电极片作为电容器的正负极。

　② 正负极之间用隔膜隔离。

　③ 电解液为 3mol/L 的 KOH。

　④ 在电极片与电容外壳之间垫一层泡沫镍，使得电极片与电容外壳接触良好。

　⑤ 用封装机把扣式壳封好。

　⑥ 具体组装方法如图 3 和图 4 所示。

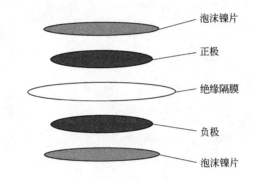

图 3　组装扣式电化学电容器的层次图

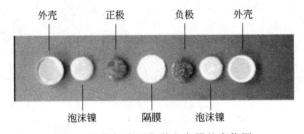

图 4　组装扣式电化学电容器的实物图

　⑦ 电化学性能检测。

　a. 把组装好的扣式超级电容器连接到 Land 电池测试仪上。

　b. 测试在室温下进行。

　c. 采用恒电流充放电的方式，设定充放电电流均为 5mA，充放电截止电压为 0～0.8V。

　d. 计算电容器的比电容量及内阻。

五、数据记录及处理

计算电容器的比电容量及内阻。

六、实验注意事项

　① 不要用手直接触碰电容器。

　② 遵守实验室的规章制度，保持实验室及实验台清洁。

七、思考题

① 超级电容器与传统电容器的区别是什么？

② 影响超级电容器性能的因素有哪些？

③ 如何降低超级电容器的内阻？

实验 25　发光二极管的光电特性实验

一、实验目的

① 掌握二极管发光基本原理。
② 测定发光二极管的伏安特性及其温度特性。
③ 测定发光二极管的光电特性。
④ 熟悉电化学工作站，掌握其各种测试功能及方法。
⑤ 学会用 Origin 软件绘制图形和分析实验数据。

二、实验基本原理

（1）发光二极管的工作原理

发光二极管是半导体二极管中的一种，可以把电能转化成光能；常简写为 LED（light-emitting diode）。由镓（Ga）与砷（As）、磷（P）的化合物制成的二极管，当电子与空穴复合时能辐射出可见光，因而可以用来制成发光二极管。在电路及仪器中作为指示灯，或者组成文字或数字显示。它是半导体二极管中的一种，可以把电能转化成光能；发光二极管与普通二极管一样是由一个 p-n 结组成的，也具有单向导电性。当给发光二极管加上正向电压后，从 p 区注入到 n 区的空穴和由 n 区注入到 p 区的电子，在 p-n 结附近数微米内分别与 n 区的电子和 p 区的空穴复合，产生自发辐射的荧光。

不同的半导体材料中禁带宽度不同，因而电子和空穴复合时释放出的能量多少不同，释放出的能量越多，则发出的光的波长越短。红色发光二极管的波长为 650～700nm，黄色发光二极管的波长为 585nm 左右，绿色发光二极管的波长为 555～570nm。磷砷化镓二极管发红光，磷化镓二极管发绿光，碳化硅二极管发黄光。其结构及工作原理如图 1 所示。

（2）发光二极管的特性参数

发光二极管的两个引线中较长的一根为正极，接电源正极。有的发光二极管的两个引线一样长，但管壳上有一凸起的小舌，靠近小舌的引线是正极。按发光管的光面特征分为圆形、方型、矩形、面发光管、侧向管、表面安装管等。多为圆形。

发光二极管的反向击穿电压约为 5V；最大工作电流与发光二极管的尺寸有关，ϕ3mm 的发光二极管，最大工作电流为 20mA；ϕ4.4mm 的为 40mA；ϕ7.8mm 的为 120mA。其伏安特性如图 2 所示。

① I_F 特性　I_F 值通常为 20mA，被设为一个测试条件和常亮时的一个标准电流，设定不同的值用以测试二极管的各项性能参数，具体见特性曲线图。

以正常的寿命讨论，通常标准 I_F 值设为 20～30mA，瞬间（20ms）可增至 100mA。I_F 增大时 LAMP 的颜色、亮度、V_F 特性及工作温度均会受到影响，它是正常工作时的一个先决条件，I_F 值增大：寿命缩短、V_F 值增大、波长缩短、温度上升、亮度增大，与相关参数

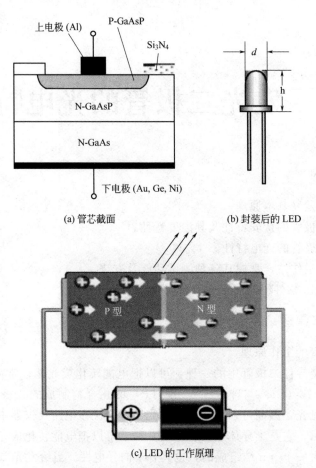

(a) 管芯截面　　　　　(b) 封装后的 LED

(c) LED 的工作原理

图 1　发光二极管的结构和工作原理

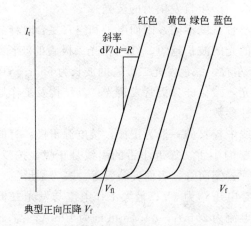

图 2　发光二极管的导通压降与颜色和电流的关系

间的关系见图 3。

② V_R（LED 的反向崩溃电压）　由于 LED 二极管具有单向导电特性，反向通电时反向电流为 0，而反向电压高到一定程度时会把二极管击穿，刚好能把二极管击穿的电压称为反向崩溃电压，可以用"V_R"来表示。

a. V_R 是衡量 P/N 结反向耐压特性的，当然 V_R 越高越好。

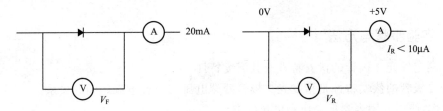

图 3　LED 的正向最大电流和反向电流

b. V_R 值较低在电路中使用时经常会有反向脉冲电流经过，容易击穿变坏。

c. V_R 又通常被设定一定的安全值来测试反向电流（I_F 值），一般设为 5V。

d. 红、黄、黄绿等四元晶片反向电压可做到 20～40V，蓝、纯绿、紫色等晶片反向电压只能做到 5V 以上。

I_R（反向加电压时流过的电流）二极管的反向电流为 0，但加上反向电压时如果用较精密的电流表测量还是有很小的电流，只不过它不会影响电源或电路，所以经常忽略不计，认为是 0。

③ I_R 特性

a. I_R 是反映二极管的反向特性的参数，I_R 值太大说明 p-n 结特性不好，将要被击穿；I_R 值太小或为 0 说明二极管的反向特性很好。

b. 通常 I_R 值较大时 V_R 值会相对较小，I_R 值较小时 V_R 值会相对较大。

c. I_R 的大小与晶片本身和封装制程均有关系，制程主要体现在银胶过多或侧面沾胶，双线材料焊线时焊偏，静电亦会造成反向击穿，使 I_R 增大。

d. I_V（LED 的光照强度，一般称为 LED 的亮度）指 LED 有流过电流时的光强，单位一般用毫烛光（mcd）来衡量，由于同一批晶片做出的 LED 光强均不相同，封装厂商会将其按不同的等级分类，分为低、中、高等多个等级，而 LED 的价格也与其亮度大小有关系。同一亮度 LED 顺向电流越大，亮度越高。亮度还跟角度有关系，同样物料角度越大，亮度越低，角度越小，亮度越高，所以要求亮度的同时要考虑到角度的大小。

e. W/D（主波长，单位是 nm，纳米），LED 正常工作时的颜色特性，颜色特性具体见 LED 介绍中的颜色分类，通常用 W/D 来衡量颜色的变化特性，在电流和温度不同的情况下主波长测试值均不相同的，封装厂商会按相同的条件将 W/D 按不同的等级分类。

（3）二极管的温阻特性

半导体材料与金属材料不同。金属一般具有正的电阻温度系数，一般温度升高，电阻增加。半导体具有比较复杂的电阻-温度关系，这是因为它的导电机制较为复杂。一般而言，在高温区域，半导体具有负的电阻温度系数，此时的特性可用指数函数来描述：

$$R_t = A \exp(B/T)$$

这主要是因为半导体中的少数载流子浓度与温度有关。

$$N_e = N_c \exp\left(-\frac{E_g - E_F}{kT}\right)$$

但在一段温度区域内，可近似认为电阻和温度之间符合线性关系，大部分半导体其电阻温度系数为负值。

三、实验设备和材料

烘箱、暗箱、电化学工作站、发光二极管、电阻、光强计各一个，万用表两个，导线若干。

四、实验步骤与方法

（1）测定发光二极管的伏安特性及其温度特性

发光二极管的伏安特性是指发光二极管两端电压与通过电流之间的关系。

① 学会使用万用表测量电压和电流的方法。

② 熟悉电化学工作站，学会控制仪器的软件使用方法，了解各种工作模式。

③ 用万用表判断发光二极管的正负极性，并按照图4连接电路。

④ 测量常温下 LED 的伏安特性。测量数据时，电源电压由小变大，当达到导通电流时，二极管发光，电流过大发光二极管会烧毁。实际测量中采用电源电压可以连续可变的电化学工作站，在线性扫描工作模式下的线性伏安扫描技术测试二极管的 I-V 特性，得到一条连续的 I-V 曲线，电压范围−1.0～4.0V，计算二极管的基本参数。

⑤ 测量红光二极管的温度特性。将连接好的二极管放入烘箱中，分别用电化学工作站测定常温、40℃、60℃、80℃和100℃的伏安特性，分析 LED 的特性参数与温度间的关系。注意，每次测试应至少保温 10min。

（2）测定发光二极管的光电特性

发光二极管的光电特性是指发光二极管通过电流与发出光强之间的关系。

① 按图 4 连接好测试电路。

② 在电化学工作站的恒电位工作模式下，对 LED 分别施加不同的电压，并用光强计观察 LED 的发光强度。光强计测试前应选择合适的量程，在暗场下调零。分析光强度随电压变化的规律。

（3）测量二极管的容抗特性

平衡条件下，在二极管的结区形成一个内建电场，就像一个平板电容器。在不同的电压下，结区的厚度会发生改变，从而就像改变了平板电容器的间距，结区电容就会变化。

① 按图 4 连接好测试电路。

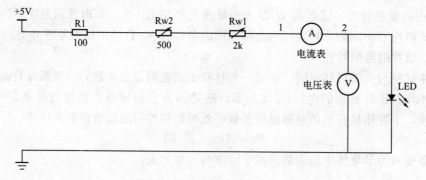

图 4　实验电路图

② 在电化学工作站的阻抗工作模式下，对 LED 分别施加不同的电压，测试其容抗-阻抗曲线。

五、数据记录与处理

① 在电脑上存储测试的二极管的 I-V 特性曲线，并将数据类型转换成 .txt 格式，然后

用 Origin 做出曲线图，计算二极管的基本参数。

② 分别将 5 种温度（常温、40℃、60℃、80℃、100℃）下得到的 LED 的 5 条 *I-V* 曲线整合到一个 Origin 图中，指出 *I-V* 曲线随温度升高的变化趋势，并分析其原因。

③ 记录每种二极管分别在 4 个电位下的发光强度，总结电压与光强度间的关系。

红光 LED				黄光 LED				绿光 LED			
电压/V	电流/mA	功率/mW	发光强度	电压/V	电流/mA	功率/mW	发光强度	电压/V	电流/mA	功率/mW	发光强度

④ 在电脑上分别存储测试的 4 个电压下的二极管的容抗和阻抗曲线，并将数据类型转换成 .txt 格式，然后用 Origin 将 4 条曲线整合到 1 个曲线图上，观察容抗曲线随偏压的变化规律，并解释其原因。

六、实验注意事项

① 做实验请关灯，以达到良好的测量效果。
② 测量时不要碰导线，否则数据不稳定。更不能用力拉扯导线，导致接头脱落。
③ 实验完毕关闭所有电源开关。

七、思考题

① 可采用哪几种方式判断发光二极管的正负极？
② 二极管的发光强度随温度升高有何变化，为什么？
③ 如何确定发光二极管使用电路中限流电阻的阻值？

实验 26　四探针法测试薄膜的
电阻率实验

一、实验目的

① 熟悉四探针法测量薄膜电阻率的原理和特点。

② 测定一些薄膜材料的电阻率，了解不同半导体薄膜材料的导电特性及掺杂原理。

③ 了解薄膜厚度对薄膜电阻率的影响（尺寸效应）。

薄膜材料是微电子技术的基础材料。薄膜是人工制作的厚度在 $1\mu m$ 以下的固体膜。薄膜一般来说都是被制备在一个衬底（如：玻璃、半导体硅等）上的，由于薄膜的厚度非常薄，因此膜厚在很大程度上影响着薄膜材料的物理特性（如电、光、磁、力和铁电等）。这种薄膜材料的物理性质受膜厚影响的现象称为尺寸效应。尺寸效应决定了薄膜材料的某些物理、化学特性不同于通常的块体材料。也就是说，同块体材料相比，薄膜材料将具有一些新的功能和特性。

薄膜电阻率是半导体薄膜材料的一个重要物理特性，是科研开发和实际生产中经常测量的物理特性之一。在实际工作中，通常用四探针法测量薄膜的电阻率。

二、实验基本原理

电阻率的测量是半导体材料常规参数测量项目之一。测量电阻率的方法很多，如四探针法、电容-电压法、扩展电阻法等。四探针法则是一种广泛采用的标准方法，在半导体工艺中最为常用。

（1）半导体体积电阻率测量原理

在半无穷大样品上的点电流源，若样品的电阻率 ρ 均匀，引入点电流源的探针其电流强度为 I，则所产生的电场具有球面的对称性，即等位面为一系列以点电流为中心的半球面，如图 1 所示。在以 r 为半径的半球面上，电流密度 j 的分布是均匀的：

若 E 为 r 处的电场强度，则：

$$E = j\rho = \frac{I\rho}{2\pi r^2}$$

由电场强度和电位梯度以及球面对称关系，则：

$$E = -\frac{d\Psi}{dr}$$

$$d\Psi = -E\,dr = -\frac{I\rho}{2\pi r^2}dr$$

取 r 为无穷远处的电位为 0，则：

$$\int_0^{\Psi(r)} d\Psi = \int_\infty^r -E\,dr = \frac{-I\rho}{2\pi}\int_\infty^r \frac{dr}{r^2}$$

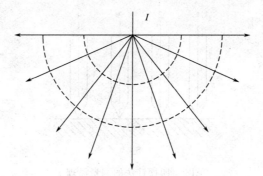

图 1　点电流源电场分布

$$\Psi(r) = \frac{\rho I}{2\pi r} \tag{1}$$

上式是半无穷大均匀样品上离开点电流源距离为 r 的点的电位与探针流过的电流和样品电阻率的关系式，它代表了一个点电流源对距离 r 处的点的电势的贡献。

对图 2 所示的情形，四根探针位于样品中央，电流从探针 1 流入，从探针 4 流出，则可将探针 1 和探针 4 认为是点电流源，由式 (1) 可知，探针 2 和探针 3 的电位为：

$$\Psi_2 = \frac{I\rho}{2\pi}\left(\frac{1}{r_{12}} - \frac{1}{r_{24}}\right)$$

$$\Psi_3 = \frac{I\rho}{2\pi}\left(\frac{1}{r_{13}} - \frac{1}{r_{34}}\right)$$

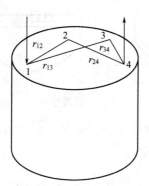

图 2　任意位置的四探针

探针 2、探针 3 的电位差为：

$$V_{23} = \Psi_2 - \Psi_3 = \frac{I\rho}{2\pi}\left(\frac{1}{r_{12}} - \frac{1}{r_{24}} - \frac{1}{r_{13}} + \frac{1}{r_{34}}\right)$$

由此可得出样品的电阻率为：

$$\rho = \frac{2\pi V_{23}}{I}\left(\frac{1}{r_{12}} - \frac{1}{r_{24}} - \frac{1}{r_{13}} + \frac{1}{r_{34}}\right)^{-1}$$

上式就是利用直流四探针法测量电阻率的普遍公式。我们只需测出流过探针 1、探针 4 的电流以及探针 2、探针 3 间的电位差 V_{23}，代入四根探针的间距，就可以求出该样品的电阻率 ρ。实际测量中，最常用的是直线型四探针（如图 3 所示），即四根探针的针尖位于同一直线上，并且间距相等，设 $r_{12} = r_{23} = r_{34} = S$，则有：$\rho = 2\pi S (V_{23}/I)$。

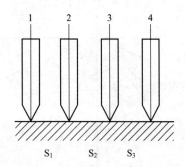

图 3　四探针法的测量原理

　　需要指出的是：这一公式是在半无限大样品的基础上导出的，使用时必须满足样品厚度及边缘与探针之间的距离大于四倍探针间距，这样才能使该式具有足够的精确度。

　　如果被测样品不是半无穷大，而是厚度、横向尺寸一定，进一步的分析表明，在四探针法中只要对公式引入适当的修正系数 B_0 即可，此时：

$$\rho = \frac{V_{23}}{IB_0} 2\pi S$$

　　另一种情况是极薄的样品（样品厚度 d 比探针间距小很多，而横向尺寸为无穷大的样品），这时从探针 1 流入和从探针 4 流出的电流，其等位面近似为圆柱面，高为 d（见图 4）。

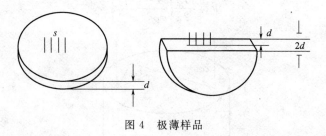

图 4　极薄样品

　　任一等位面的半径设为 r，类似于上面对半无穷大样品的推导，很容易得出当 $r_{12} = r_{23} = r_{34} = S$ 时，极薄样品的电阻率为：

$$\rho = \left(\frac{\pi}{\ln 2}\right) d \frac{V_{23}}{I} = 4.5324 d \frac{V_{23}}{I}$$

　　上式说明，对于极薄样品，在等间距探针情况下，探针间距和测量结果无关，电阻率和被测样品的厚度 d 成正比。

　　就本实验而言，当 1、2、3、4 四根金属探针排成一直线以一定压力压在半导体材料上，在 1、4 两处探针间通过电流 I，则 2、3 探针间产生电位差 V_{23}。

　　样品电阻率：

$$\rho = \frac{V_{23}}{I} 2\pi S = \frac{V_{23}}{I} C$$

　　式中，S 为相邻两探针 1 与 2、2 与 3、3 与 4 之间的间距，就本实验而言，$S = 1\text{mm}$，$C \approx (6.28 \pm 0.05)\text{mm}$。

　　若电流取 $I = C$ 时，则 $\rho = V$，可由数字电压表直接读出。

　　（2）方块电阻的测量

半导体工艺中普遍采用四探针法测量扩散层的薄层电阻，由于反向 p-n 结的隔离作用，扩散层下的衬底可视为绝缘层，对于扩散层厚度（即结深 X_j）远小于探针间距 S，而横向尺寸无限大的样品，则薄层电阻率为：$\rho = \dfrac{2\pi S}{B_0} \times \dfrac{V}{I}$

实际工作中，我们直接测量扩散层的薄层电阻，又称方块电阻，其定义就是表面为正方形的半导体薄层，在电流方向所呈现的电阻，如图 5 所示。

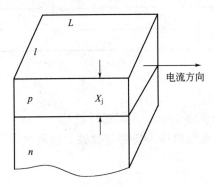

图 5　薄层电阻的测量

所以：

$$R_s = \rho\,\frac{1}{L x_j} = \frac{\rho}{x_j}$$

因此有：

$$R_s = \frac{\rho}{x_j} = 4.5324\,\frac{V_{23}}{I}$$

实际的扩散片尺寸一般不很大，并且实际的扩散片又有单面扩散与双面扩散之分。因此，需要进行修正，修正后的公式为：

$$R_s = B_0\,\frac{V_{23}}{I}$$

三、实验设备和材料

采用 SDY-5 型双电测四探针测试仪（含直流数字电压表、恒电流源、电源、DC-DC 电源变换器）。

四、实验步骤与方法

① 熟悉四探针的使用方法。

② 按照操作规程分别测试 FTO（F-SnO$_2$）、ITO（Sn-In$_2$O$_3$）、AZO（Al-ZnO）和 LNO（LaNiO$_3$）导电薄膜的方块电阻，并计算薄膜的电阻率。

五、数据记录与处理

分别将测试的四种导电薄膜的方块电阻记录在下表中，并根据薄膜方块电阻与电阻率的关系计算薄膜的电阻率，解释 5 种半导体导电薄膜的高电阻率形成机制（掺杂化合物和非化学计量化合物）。

测试位置	FTO		ITO		AZO		LNO	
	方块电阻	电阻率	方块电阻	电阻率	方块电阻	电阻率	方块电阻	电阻率
1								
2								
3								
4								
5								
平均值								

六、实验注意事项

① 仪器接通电源，至少预热 15min 才能进行测量。

② 在测量过程中应注意电源电压不要超过仪器的过载允许值。

③ 切记保护探针。

七、思考题

① 测量电阻有哪些方法？

② 什么是体电阻、方块电阻（面电阻)？

③ 四探针法测量材料电阻的原理是什么？

④ 为什么要用四探针进行测量，如果只用两根探针既作电流探针又作电压探针，是否能够对样品进行较为准确的测量？

⑤ 四探针法测量材料电阻的优点是什么？

⑥ 本实验中哪些因素能够使实验结果产生误差？

实验 27　非晶硅薄膜太阳能电池的基本特性实验

一、实验目的

① 了解太阳能电池基本的伏安特性，加深对太阳能电池工作原理的理解和应用。

② 根据太阳能电池的伏安特性曲线，掌握电池效率的影响因素。

③ 掌握测试太阳能电池效率的基本方法，准确理解电池的短路电流 I_{SC}、开路电压 U_{OC}、最大输出功率 P_{max} 和填充因子 FF 等基本参数的基本含义。

二、实验基本原理

太阳能电池是一种由于光生伏特效应而将太阳光能直接转化为电能的器件，是一个半导体光电二极管。当太阳光照到光电二极管时，光电二极管就会把太阳的光能变成电能，产生电流。当许多个电池串联或并联起来就可以成为有比较大的输出功率的太阳能电池方阵了。

硅电池按照其结晶能力不同分为单晶硅电池、多晶硅电池和非晶硅电池三种。单晶硅电池转换效率最高，技术最为成熟。在实验室里最高效率为 23%，规模生产时为 15%，但成本较高。多晶硅太阳能电池与单晶硅相比，成本低，实验室最高转换效率为 18%，规模化生产的效率为 10%。未来可能会成为市场的主流。非晶硅薄膜太阳能电池成本低、重量轻，转换效率较高，便于大规模生产，有极大的潜力。但受制于其材料引发的光电效率衰退效应的影响，稳定性不高，直接影响了它的实际应用。

太阳能的利用和太阳能的特性研究是 21 世纪的热门课题，许多发达国家正投入大量人力物力对其研究。本实验就是希望通过让同学们了解太阳能电池的电学性质和光学性质，并对两种性质进行测量。该实验作为综合性材料物理实验，联系目前的科研实际，有很好的新颖性和实用价值。

太阳光照在半导体 p-n 结上，形成新的电子-空穴对，在 p-n 结电场的作用下，空穴由 n 区流向 p 区，电子由 p 区流向 n 区，接通电路后就形成电流，这就是光伏效应电池的工作原理。

在没有光照时，可将太阳能电池视为一个二极管，其正向偏压 U 与通过的电流 I 的关系为：

$$I = I_0 \left(\frac{qU}{enKT} - 1 \right)$$

式中，I_0 为二极光的反向饱和电流；n 为理想二极管参数，理论值为 1；K 为波尔兹曼常量；q 为电子的电荷量；T 为热力学温度（可令 $\beta = \frac{q}{nKT}$）。

由半导体理论可知，二极管主要是如图 1 所示的能隙为 E_c-E_v 的半导体构成。当入射光子能量大于带隙时，光子被半导体吸收，并产生电子-空穴对。电子-空穴对影响二极管的内建电场而产生光生电动势。太阳能电池的基本技术参数包括短路电流 I_{SC}、开路电压 U_{OC}、最大输出功率 P_{max} 和填充因子 FF。填充因子的定义为：

$$FF = \frac{P_{max}}{I_{SC}U_{OC}}$$

FF 是代表太阳能电池性能优劣的一个重要参数。FF 越大，说明太阳能电池对光的利用率越高。

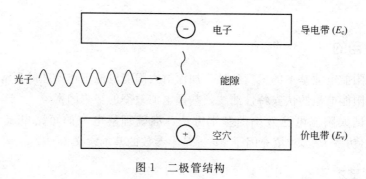

图 1　二极管结构

三、实验设备和材料

电化学工作站、白炽灯、太阳能电池板、光照度计、万用表、连接导线若干。

四、实验步骤与方法

① 在没有光照（全黑）的条件下，测量非晶硅太阳能电池的 I-V 特性。

a. 用万用表确定太阳能电池的正负极。

b. 按图 2 所示连接电路图。

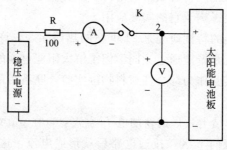

图 2　电路图（一）

c. 在电化学工作站的线性扫描伏安法工作模式下，测试电池的 I-V 曲线。

d. 利用测得的在正向偏压时 I-V 的关系数据曲线，求出常数 $\beta = \frac{q}{nKT}$ 和 I_0 值。

② 在不加偏压时，用 LED 灯照射，测量太阳能电池的一些特性。固定光源与电池的间距为 20cm。

a. 连接电路图，如图 3 所示。

b. 在恒电位状态下测量电子在不同负载电阻下，I 对 U 的变化关系，画出 I-V 曲线图。

c. 求短路电流 I_{SC} 和开路电压 U_{OC}。

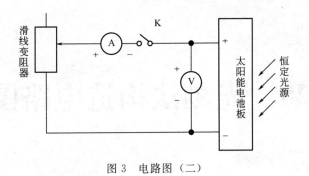

图 3　电路图（二）

d. 根据曲线数据求电池的最大输出功率及最大输出功率时的负载电阻。

e. 计算填充因子 FF。

③ 测量太阳能电池的光电效应与电光性质。

改变太阳能电池到光源的距离，用光照度计测量到达该处的光照度 L，测量太阳能电池接受到不同光照度 L 时，相应的 I_{sc} 和 U_{oc} 的值。

五、数据记录与处理

① 非光照条件下，在电脑上存储测试的太阳能电池的 I-V 特性数据，并将数据类型转换成 .txt 格式，然后用 Origin 作出曲线图，计算电池的基本参数。

② 光照条件下，在电脑上存储测试的太阳能电池的 I-V 特性数据，并将数据类型转换成 .txt 格式，然后用 Origin 作出曲线图，并按照 $P = IV$ 的关系式计算电池在各偏压下的功率，画出其功率曲线。在两条曲线图中分别标出电池 I_{SC}、V_{OC}、P_{max}，计算电池的光电转换效率 η 和填充因子 FF。

③ 改变 LED 光源与电池的距离，5cm、10cm、20cm、30cm。分别将 4 种间距下测试的 LED 的 I-V 曲线记录下来，绘制成 Origin 图，指出 I-V 曲线随光照间距变化的规律，并分析其原因。

光照距离	光照强度	I_{sc}	V_{oc}	η	FF
5cm					
10cm					
20cm					
30cm					

六、实验注意事项

① 连接电路时，保持太阳能电池无光照条件。

② 连接电路时，保持电源开关断开。

③ 打开白炽灯光源的时间尽量要短，注意随时关掉。

七、思考题

① 非晶硅薄膜太阳能电池的结构主要包括哪几层？解释各层所起的作用。

② 制约电池效率的因素有哪些？

实验 28　光刻法构造电路图实验

一、实验目的

了解光刻在集成电路工艺中的作用，熟悉光刻工艺的步骤和操作；通过本实验的学习，了解光刻的基本概念，并描述光刻的基本步骤。

二、实验基本原理

集成电路工艺的光刻成像术是将为数众多的电子零件和线路，一层一层地转换到一个微小的晶片上，每一层均有一片掩膜版，靠着光学成像原理，光线经过掩膜版、透镜而成像在晶片表面上。晶片表面必须有如照相底片般的物质存在，属于可感光的胶质化合物（光刻胶），经与光线作用和化学作用方式处理后，即可将掩膜版上的图形一五一十地转移到晶片上。因此在光刻成像工艺上，掩膜版、光刻胶、光刻胶涂布显影设备及对准曝光光学系统等，皆为必备的条件。

三、实验设备和材料

匀胶机、光刻机、显影操作箱、显微镜、红外灯烤箱、镊子。

四、实验步骤与方法

在硅平面晶体管和集成电路工艺中，为了进行定域扩散，形成电极以及内引线互连，制作管芯的 Si 片必须进行多次光刻。尽管各次光刻操作及工艺条件略有差异，但一般都需经过以下工艺流程：涂胶、前烘、曝光、显影、坚膜、腐蚀和去胶。图 1 为光刻工艺流程示意图。

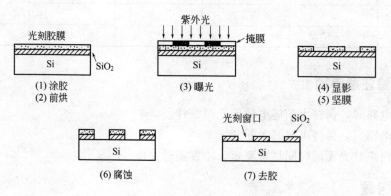

图 1　光刻工艺流程示意图

光刻过程中的每个步骤对光刻质量都有直接影响，所以必须选择合适的工艺条件，严格做好光刻过程中的每一步，保证刻蚀图形正确，清晰，没有钻蚀、毛刺、针孔和小岛缺陷。

　　光刻工艺是一个复杂的过程，它有很多影响其工艺宽容度的工艺变量。例如减小的特征尺寸、对准偏差、掩膜层数目以及硅片表面的清洁度。为方便起见，我们可以将光刻的图形形成过程分为 8 个步骤。在硅片制造厂中这些步骤常称为操作。把大的图形处理工艺分成这 8 个步骤，简化了微光刻的各个方面。本章首先为这 8 个摹本步骤做概述，然后再对材料、设备和光刻每步所用的工艺进行深入分析（见图 2）。

(a) 气相成底膜　　　(b) 旋转涂胶　　　(c) 软烘　　　(d) 对准和曝光

(e) 曝光后烘焙　　　(f) 显影　　　(g) 坚膜烘焙　　　(h) 显影检查

图 2　光刻图形处理工艺的 8 个步骤

　　1. 步骤 1：气相成底膜处理

　　光刻的第一步是清洗、脱水和硅片表面成底膜处理。这些步骤的目的是增强硅片和光刻胶之间的黏附性。硅片清洗包括湿法清洗和去离子水冲洗，以去除沾污物，大多数的硅片清洗工作在进入光刻工作间之前进行。脱水致干烘焙在一个封闭腔内完成，以除去吸附在硅片表面的大部分水汽。硅片表面必须是清洁和干燥的。脱水烘焙后硅片立即要用六甲基二硅胺烷（HMDS）进行成膜处理，它起到了黏附促进剂的作用。

　　2. 步骤 2：旋转涂胶

　　成底膜处理后，硅片要立即采用旋转涂胶的方法涂上液相光刻胶材料。硅片被固定在一个真空载片台上，它是一个表面上有很多真空孔以便固定硅片的平的金属或聚四氯乙烯盘。一定数量的液体光刻胶滴在硅片上，然后硅片旋转得到一层均匀的光刻胶涂层（见图 3）。

　　不同的光刻胶要求不同的旋转涂胶条件，例如最初慢速旋转（例如 500r/min），接下来跃变到最大速度 3000r/min 或者更高。一些光刻胶应用的重要质量指标是时间、速度、厚度、均匀性、颗粒沾污以及光刻胶缺陷，如针孔。

　　3. 步骤 3：软烘

　　光刻胶被涂到硅片表面后必须要经过软烘，软烘的目的是取出光刻胶中的溶剂。软烘提高了黏附性，提升了硅片上光刻胶的均匀性，在刻蚀中得到了更好的线宽控制。典型的软烘条件是在热板上于 90～100℃下烘 30s，接下来是在冷板上的降温步骤，以得到光刻胶一致特性的硅片温度控制。

　　4. 步骤 4：对准和曝光

工艺小结：
_____
· 硅片置于真空吸盘上
· 滴约 5mL 的光刻胶
· 以约 500r/min 的慢速旋转
· 加速到 3000 ～ 5000r/min
· 质量指标：
　—时间
　—速度
　—厚度
　—均匀性
　—颗粒和缺陷

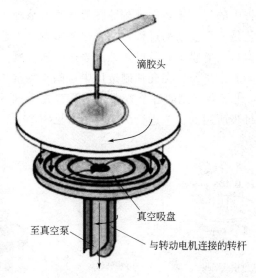

滴胶头

至真空泵

真空吸盘

与转动电机连接的转杆

图 3　旋转涂胶

　　下一步被称做对准和曝光。掩膜版与涂了胶的硅片上的正确位置对准。硅片表面可以是裸露的硅，但通常在其表面有一层事先确定了的图形。一旦对准，将掩膜版和硅片曝光，把掩膜版图形转移到涂胶的硅片上（见图 4）。光能激活了光刻胶中的光敏成分。对准和曝光的重要质量指标是线宽分辨率、套准精度、颗粒和缺陷。

工艺小结：
_____
· 将掩膜版上图形转移到涂胶的硅片上
· 激活光刻胶中的光敏成分
· 质量指标：
　—线宽分辨率
　—套准精度
　—颗粒和缺陷

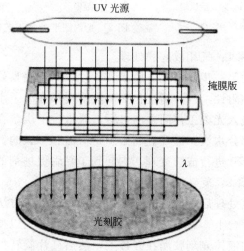

UV 光源

掩膜版

λ

光刻胶

图 4　对准和曝光

　　5. 步骤 5：曝光后烘焙

　　对于深紫外（DUV）光刻胶在 100～110℃ 的热板上进行曝光后烘焙是必要的，这步烘焙应紧随在光刻胶曝光后。几年前，这对于非深紫外光刻胶是一种可选择的步骤，但现在即使对于传统光刻胶也成了一种实际的标准。

　　6. 步骤 6：显影

　　显影是在硅片表面光刻胶中产生图形的关键步骤。光刻胶上的可溶解区域被化学显影剂溶解，将可见的岛或者窗口图形留在硅片表面。最常用的显影方法是旋转、喷雾、浸润（见图 5），然后显影，硅片用去离子水（DI）冲洗后甩干。

工艺小结：
- 用显影液溶解光刻胶可溶的区域
- 可见图形出现在硅片上
　　—窗口
　　—岛
- 质量指标：
　　—线条分辨率
　　—均匀性
　　—颗粒和缺陷

显影液喷头

真空吸盘

至真空泵

与转动电机连接的转杆

图 5　光刻胶显影

7．步骤 7：坚膜烘焙

显影后的热烘指的就是坚膜烘焙。烘焙要求挥发掉存留的光刻胶溶剂，提高光刻胶对硅片表面的黏附性。这一步是稳固光刻胶，对下面的刻蚀和离子注入过程起到非常关键的作用。正胶的坚膜烘焙温度为 $120\sim140℃$，这比软烘温度要高，但也不能太高，否则光刻胶就会流动从而破坏图形。

8．步骤 8：显影后检查

一旦光刻胶在硅片上形成图形，就要进行检查以确定光刻胶图形的质量。这种检查系统对于高集成的关键层几乎都是自动完成的。检查有两个目的：找出光刻胶有质量问题的硅片，描述光刻胶工艺性能以满足规范要求。如果确定胶有缺陷，通过去胶可以把它们除去，硅片也可以返工。

五、数据记录与处理

了解光刻胶的分类及物理参数要求。

六、实验注意事项

① 必须严格按照操作规程进行实验。
② 遵守实验室的规章制度，保持实验室及实验台清洁。

七、思考题

① 试阐述光刻工艺各个环节的关键控制参数及其目的作用。
② 光刻工艺的本质是什么？

参 考 文 献

[1] 陈国华. 功能材料制备与性能实验教程 [M]. 北京：化学工业出版社，2013.

[2] 玉立群，侯兴刚，吴景波等. 溶胶-凝胶法制备二氧化钛纳米品及其在染料敏化太阳电池中的应用 [J]. 天津师范大学学报（自然科学版），2011，4（31）：39-43.

[3] 卢帆，陈敏. 溶胶-凝胶法制备粒径可控纳米二氧化钛 [J]. 复旦学报（自然科学版），2010，5（49）：592-597.

[4] 关鲁雄，秦旭阳，丁萍. 溶胶凝胶法制备纳米二氧化钛 [J]. 湖南城市学院学报，2003，6（24）：86-87.

[5] 徐华蕊，高濂，郭景坤. 水热合成高纯四方相钛酸钡纳米粉末研究 [J]. 功能材料，2001，32（5）：558-560.

[6] 刘春英，柳云骐，安长华等. 四方相钛酸钡超细粉体的水热合成研究 [J]. 无机盐工业，2012，3（44）：16-18.

[7] 莫雪魁. 钛酸钡粉体的水热合成及性能研究 [D]. 济南大学，硕士学位论文，2008.

[8] http://wenku.baidu.com/view/e5fced1a227916888486d72c.html.

[9] 黄培云. 粉末冶金原理 [M]. 北京：冶金工业出版社，1997.

[10] 吴成义. 粉体成形力学原理 [M]. 北京：冶金工业出版社，2003.

[11] 刘军，余正因. 粉末冶金与陶瓷成型技术 [M]. 北京：化学工业出版社，2005.

[12] 李远，秦自楷，周志同. 压电与铁电材料的测量 [M]. 北京：科学出版社，1984.

[13] 毛剑波，易茂祥. PZT 压电陶瓷极化工艺研究 [J]. 压电与声光. 2006. 28（6）：736-740.

[14] 殷之文. 电介质物理学 [M]. 北京：科学出版社，2006.

[15] 严璋，朱德恒. 高电压绝缘技术 [M]. 第 2 版. 北京：中国电力出版社，2007.

[16] 张涛，马宏伟，李敏等. 运用 Sawyer Tower 电路测试薄膜铁电性能 [J]. 西安科技大学学报，2012，32（1）：124-126.

[17] 刘红日，刘堂昆，李景德. 溶胶-凝胶方法制备 $BiFeO_3$ 薄膜及其铁电性质 [J]. 西安科技大学学报，2005，11（2）：168-172.

[18] 徐如人，庞文琴. 无机合成化学 [M]. 北京：高等教育出版社，1991.

[19] 胡伟. 粉末凝胶法制备了 $C_{0.4}S_{0.6}BTi$ 铁电厚膜 [D]. 山东建筑大学，硕士学位论文，2011.

[20] 张丰庆. $Ca_xSr_{1-x}Bi_4Ti_4O_{15}$ 铁电陶瓷及薄膜的制备及性能研究 [D]. 山东建筑大学，硕士学位论文，2007.

[21] 于冉. $LaNiO_3$ 缓冲层对钙锶铋钛陶瓷膜晶粒取向的影响 [D]. 山东建筑大学，硕士学位论文，2012.

[22] 徐静. $Ba_{0.67}Sr_{0.33}TiO_3$ 基陶瓷的组成变化对结构、性能的影响 [D]. 武汉理工大学，博士学位论文，2012.

[23] 岳雪涛. 多形态羟基磷灰石粉体、涂层的制备及表征 [D]. 山东大学，博士学位论文，2014.

[24] 周静. 功能材料制备及物理性能分析 [M]. 武汉：武汉理工大学出版社，2012.